Robert Eisberg
Wendell Hyde

Countdown

Robert Eisberg
Wendell Hyde

Countdown

Programme zur Bewegung von Fallschirmspringern,
Raketen und Satelliten für programmierbare
Taschenrechner und BASIC-Mikrocomputer

Übersetzt von Lothar Blau

Mit 28 Bildern

Springer Fachmedien Wiesbaden GmbH

CIP-Kurztitelaufnahme der Deutschen Bibliothek

Eisberg, Robert M.:
Countdown: Programme zur Bewegung von
Fallschirmspringern, Raketen u. Satelliten für
programmierbare Taschenrechner u. BASIC-
Mikrocomputer/Robert Eisberg; Wendell Hyde.
Übers. von Lothar Blau. – Braunschweig;
Wiesbaden: Vieweg, 1984.
    Einheitssacht.: Countdown ⟨dt.⟩

NE: Hyde, Wendell:

Dieses Buch ist die deutsche Übersetzung von Robert Eisberg und Wendell Hyde, Countdown:
Skydiver, Rocket and Satellite Motion on Programmable Calculators
© dilithium press, Portland, Oregon (USA) 1979

Übersetzung: *Lothar Blau*, Ubstadt-Weiher
BASIC-Programme: *Peter Jakesch*, Wien

Satz: Vieweg, Braunschweig
Druck und buchbinderische Verarbeitung: Lengericher Handelsdruckerei, Lengerich

ISBN 978-3-528-04209-7   ISBN 978-3-663-14195-2 (eBook)
DOI 10.1007/978-3-663-14195-2

Vorwort zur deutschen Ausgabe

Der weitergehende Einsatz von Kleincomputern und programmierbaren Taschenrechnern im Physikunterricht der Schulen und Hochschulen ist eine wesentliche didaktische Aufgabe unserer Zeit. Waren doch die typischen Übungsbeispiele, die auf analytischen Rechenverfahren aufbauten, vielfach nur wegen ihrer leichten Berechenbarkeit, aber nicht wegen ihrer Bedeutung oder der Motivation des Schülers ausgewählt worden. Der Rechner ermöglicht es nunmehr, einen neuen Beispielkanon aufzubauen, der die klassischen Übungen ergänzt und meist die Behandlung weit realistischerer Beispiele zuläßt. Gerade die Probleme der Raumfahrt bieten hier viele motivierende Anwendungen, die bereits mit sehr elementaren Rechnerprogrammen behandelt werden können.

Wegen der weiten Verbreitung von BASIC-Rechnern erschien es zweckmäßig, die Taschenrechnerprogramme der amerikanischen Originalausgabe auch durch BASIC-Programme zu ergänzen, die Herr Peter Jakesch verfaßt hat. In diesen Programmen wurde vor allem auf leichte Lesbarkeit und größtmögliche Ähnlichkeit mit den Taschenrechner-Programmen geachtet. Es ist leicht möglich, die Programme selbst zu modifizieren und damit beispielsweise die graphischen Möglichkeiten verschiedener Kleincomputer auszunutzen oder weitere Variable auszudrucken.

Wien, März 1984 *Roman U. Sexl*

Vorwort

In diesem Buch möchten wir Ihnen zeigen, wie man mit billigen programmierbaren Taschenrechnern die Bewegung einer Vielzahl von Objekten genau voraussagen kann, was für Ihr Hobby oder in Schule und Beruf von Interesse sein kann. Die Objekte könnten z. B. Fallschirmspringer, ein- oder mehrstufige Raketenmodelle, Planeten und Erdsatelliten sein — oder Alpha-Teilchen, die an Atomkernen gestreut werden. In dem Buch werden nur Grundlagen der Mathematik und Physik benötigt — ganz einfache Algebra und die Newtonschen Bewegungsgesetze, die bei ihrer Anwendung detailliert erklärt werden. Bei der Abfassung des Buches wurde nicht vorausgesetzt, daß Sie mit programmierbaren Taschenrechnern vertraut sind. Alles, was Sie über die Handhabung und Arbeitsweise eines Rechners wissen müssen, wird Schritt für Schritt erklärt.

Es können zwei Typen von programmierbaren Rechnern benutzt werden; der eine Typ arbeitet mit *algebraischer Logik*, der andere mit einer *klammerfreien Logik (RPN)*. Vermutlich verfügen Sie über einen Rechner der einen oder anderen Art, der zur Ausführung *bedingter Verzweigungen* (Treffen von Entscheidungen) und zu *Speicherregister-Arithmetik* fähig ist. Der Rechner sollte zumindest acht adressierbare Speicherregister, mindestens 65 verschiedene Tastenfunktionen und eine Programmspeicherkapazität für mindestens 49 Programmschritte haben. Zwei der billigsten programmierbaren Rechner mit diesen Fähigkeiten sind der Texas Instruments TI-57 mit algebraischer Logik und der Hewlett-Packard HP-33E mit RPN-Logik. Für jeden dieser beiden Rechner werden in jedem Kapitel dieses Buches Flußdiagramme und Programmtabellen mit vollständigen Anweisungen und Erklärungen angegeben. Die meisten HP-33E-Programme können unverändert auch auf dem HP-25 ausgeführt werden, wobei eine abweichende Tastenanordnung auf dem HP-25 nur zu einer Abweichung des Schlüssels führt, der ihren Platz auf dem Tastenfeld bezeichnet. Ausgenommen hiervon sind die Raketenprogramme im dritten Kapitel. Die für eine Ausführung dieser Programme auf dem HP-25 nötigen Änderungen werden in Anhang I angegeben. Die Anpassung der Programme an andere, hinreichend leistungsfähige Rechner kann mit Bezug auf die dem Rechnertyp entsprechenden Teilkapitel vorgenommen werden.

Inhaltsverzeichnis

1 Countdown

In diesem Buch geht es um Fallschirmspringer, Raketen und Satelliten. Gemeinsam haben sie, daß ihre Bewegung mit einem programmierbaren Taschenrechner berechnet werden kann. Eine andere Gemeinsamkeit besteht darin, daß bei ihrem Start ein Countdown durchgeführt wird. Demgemäß möchten wir den Spaß des Programmierens mit einem Programm beginnen, mit dem Ihr Rechner veranlaßt wird, einen Countdown auszuführen.

Das Countdownprogramm ist kurz, einfach und leicht zu verstehen. Wir beginnen mit diesem Programm, weil Sie dabei drei leistungsstarke Fähigkeiten Ihres programmierbaren Rechners im Einsatz sehen. Diese Fähigkeiten heben programmierbare Rechner über die Klasse von Rechenmaschinen hinaus in die Familie der Computer. Die erwähnten drei Fähigkeiten sind: (1) Das Vermögen, eine lange Abfolge von Anweisungen Ihrer Wahl aufzunehmen, zu speichern und auszuführen; (2) die Fähigkeit, eine Entscheidung zu treffen (bedingte Verzweigung), d.h. der Rechner kann wiederholt einem von zwei möglichen Wegen innerhalb des Programms folgen, abhängig vom Ergebnis eines von Ihnen veranlaßten Vergleichs zweier Größen; und (3) die Fähigkeit zur sogenannten Speicherregister-Arithmetik.

Da ein Hauptanliegen dieses Kapitels darin besteht, Sie mit Ihrem programmierbaren Taschenrechner vertraut zu machen, wird die Gangart so bedächtig sein, daß Sie, wie wir meinen, gut folgen können. Sie können die Sache dadurch beschleunigen, daß Sie die Erläuterungen zur Arbeitsweise des Rechners in dem Maße überspringen, wie Sie schon damit vertraut sind.

In den beiden folgenden Abschnitten werden Anweisungen, Erklärungen und eine Programmtabelle für die Programmierung und die Ausführung eines Countdown angegeben, und zwar zunächst für den Rechner TI-57 von Texas Instruments und dann für den HP-33E von Hewlett-Packard. Die Unterschiede im Detail beruhen auf den unterschiedlichen Rechnertypen, aber beide Programme tun dasselbe. Betrachten Sie nun auf Bild 1-1 den Grundriß der Programmlogik und machen Sie dann mit dem Ihrem Rechner entsprechenden Abschnitt weiter.

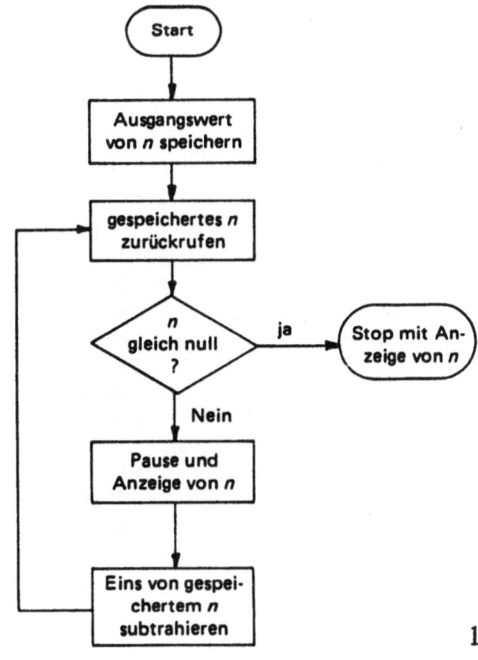

Bild 1-1
Flußdiagramm für das Countdownprogramm

1.1 Countdownprogramm für den TI-57

Das hier diskutierte Programm hat fast doppelt so viele Programmschritte wie das kürzeste Countdownprogramm, das wir machen könnten. Es wurde gewählt, um Ihnen eine Einführung in zahlreiche Fähigkeiten Ihres programmierbaren Rechners zu geben. Löschen Sie zunächst ein möglicherweise vorhandenes Programm und bringen Sie den Programmanzeiger auf Schritt 00, indem Sie den Rechner aus- und wieder einschalten. Bereiten Sie dann den Rechner durch Drücken der **LRN**-Taste (von engl. *to learn* — lernen) auf die Eingabe des Programms vor. Auf der Anzeige wird nun 00 00 erscheinen. Das erste Ziffernpaar zeigt die Bereitschaft zur Entgegennahme von Schritt 00 an; das zweite Paar bedeutet, daß dieser Schritt momentan nicht belegt ist. Um das Countdownprogramm einzutasten, drücken Sie die Abfolge von Tasten, die in Tabelle 1-1 in der dritten Spalte angeführt sind. So geben Sie beispielsweise bei Schritt 00 **2nd C.t** ein, indem Sie die Taste drücken, auf der **2nd** steht und dann die Taste, über der **C.t** steht. Dies teilt dem Rechner mit, daß Sie die „zweite Funktion" (engl. *2nd* — zweite) der Taste haben möchten, in diesem Fall ist diese Funktion das Löschen des Testregisters **C.t** (engl. *clear test register*). Diese Anweisung setzt den Wert t des Testregisters (Register 7) auf Null. Die Kommentarspalte in Tabelle 1-1 erläutert, daß dies passiert ist. Die Anzeige ändert sich zu 01 00, was bedeutet, daß Schritt 01 eingegeben werden kann. Tun Sie das, indem Sie die Taste mit der Ziffer 1 drücken. Dadurch kommt die 1 in ein mit der Anzeige verknüpftes Register, das **Anzeigeregister**. In der Kommentarspalte der Tabelle 1-1 soll auf jede neue Zahl hingewiesen werden, die ins Anzeigeregister kommt; hier steht jetzt also 1.

Als Schritt 02 drücken Sie die Ziffer **0**; sie kommt hinter die 1 ins Anzeigeregister, dort steht jetzt also die Zahl 10 (siehe Kommentar). Bei Schritt 03 drücken Sie **STO** (engl. *to store* — speichern) und die Ziffer **0**. Dies veranlaßt den Rechner, den Inhalt des Anzeigeregisters im Speicherregister Nummer 0 abzuspeichern. Der Zweck der ersten drei Schritte ist somit, die Zahl 10 in das Speicherregister 0 zu bringen. Dies ist der erste Wert von n; n ist die Zahl von der aus wir rückwärts bis 0 zählen wollen.

Tabelle 1-1 Countdownprogramm für den TI-57

Schritt	Code	Taste	Kommentar
00	19	2nd C.t	Testregister auf 0 gesetzt
01	01	1	
02	00	0	
03	32 0	STO 0	$n = 10$ in Register 0
04	86 1	2nd Lbl 1	Label des Schleifenanfangs
05	33 0	RCL 0	
06	66	2nd x = t	Test ob $n = 0$
07	51 2	GTO 2	Schleifenausgang
08	36	2nd Pause	n angezeigt
09	01	1	
10	− 34 0	INV SUM 0	jetzt $n - 1$ in Register 0
11	51 1	GTO 1	neue Schleife
12	86 2	2nd Lbl 2	
13	81	R/S	Stop
14	71	RST	zu neuem Countdown

Die Tastenfolge für Schritt 04, **2nd Lbl 1** (engl. *label* — Etikette), hat den Zweck, diese Stelle im Programm mit dem Namen „Label Nummer 1" zu bezeichnen, damit die Programmausführung an diese Stelle geführt oder zurückgeführt werden kann. Sie werden später die Bedeutung und Funktionsweise von Labels bei Verzweigungen und Schleifen erkennen. Schritt 05, **RCL 0** (engl. to *recall* — zurückrufen), weist den Rechner an, den Inhalt des Registers 0 ins Anzeigeregister zu bringen. Natürlich ist der Inhalt des Registers 0 bis jetzt noch die Zahl 10, der Ausgangswert des Countdown; aber später, wenn der Countdown läuft, werden Sie sehen, daß der Wert von n kleiner als 10 werden wird.

Das Eintasten eines langen Programms führt leicht zu Fehlern. Wenn Sie glauben, daß Sie sich beim Drücken der Tasten geirrt haben, drücken Sie so oft **BST** (engl. *backstep* — Schritt zurück), wie es nötig ist, um die zuvor eingegebenen Schritte zu überprüfen. Durch Vergleich der vom Rechner angezeigten mit den in der Programmtabelle unter „Schritt" und „Code" aufgeführten Zahlen können Sie die Richtigkeit Ihrer Eingabe überprüfen. Wenn Sie beispielsweise nach der Eingabe von **RCL 0** bei Schritt 05 **BST** drücken, sollte 05 33 0 angezeigt werden. Das zweite Ziffernpaar ist dabei der Code für den Platz der **RCL**-Taste auf dem Tastenfeld des Rechners, nämlich in Zeile 3 von oben in Spalte 3 von links auf dem Tastenfeld. Die letzte Ziffer im Zahlencode von Schritt 05, die 0, steht für die Nummer des angesprochenen Registers, dessen Inhalt zurückgerufen werden soll. Wenn Sie sehen, daß Ihre Eingabe fehlerhaft war, geben Sie den Schritt noch einmal ein, und der Fehler ist behoben.

Beachten Sie, daß die Codebezeichnung der zehn Zifferntasten nicht nach dem Zeilen-Spalten-Schema erfolgt. Wenn Sie wie beispielsweise hier in Schritt 03 bis 05 eine Register- oder Labelnummer darstellen, die der Codebezeichnung für eine Taste wie **STO** oder **Lbl** folgt, ist Ihr Code einfach 0, 1, 2, usw. Wenn die Zifferntasten aber wie in den Schritten 01 und 02 benutzt werden, um Ziffern in das Anzeigeregister einzugeben, ist ihre Bezeichnung 00, 01, 02 usw. Wenn Sie den Zahlencode von Schritt 04 betrachten, werden Sie 04 86 1 sehen. Die 86 ist ein Beispiel dafür, daß für alle „zweiten Funktionen", in diesem Fall **2nd Lbl**, die Spalten von links nach rechts mit den Ziffern 6, 7, 8, 9, 0 kodiert werden anstatt mit 1 bis 5 für die „ersten Funktionen". 86 bezeichnet also die zweite Funktion der Taste, deren erste Funktion mit 81 zu beschreiben wäre. Wenn Sie mit **BST** mehr als einen Schritt zurückgegangen sind, können Sie mit **SST** (engl. *single step* — Einzelschritt) soviele Vorwärtsschritte machen, bis Sie an der gewünschten Stelle sind.

Schritt 06 ist ein sehr interessanter Schritt, da dies das erste Beispiel für die Ausführung eines Tests und einer Entscheidung durch den Rechner auf der Grundlage des Testergebnisses ist. Die Tasteneingabe dieses Schrittes ist **2nd x = t**. Dabei steht x für den Inhalt des Ausgaberegisters und t für den Inhalt des Testregisters. Die Anweisung **x = t** fragt, ob x, die derzeit im Anzeigerregister gespeicherte Zahl, gleich der derzeit im Testregister gespeicherten Zahl t ist. Da x die laufende Countdownzahl n von Register 0 ist und t der Wert 0 zugeordnet ist, fragt die Anweisung, ob $n = 0$ ist, wie im Kommentar bemerkt wurde. Wenn die Antwort darauf (oder auf eine andere der drei möglichen Test- oder Vergleichsfragen) ja lautet, geht die Abarbeitung des Programms mit dem nächsten Schritt weiter. Ist die Antwort jedoch nein, wird der direkt auf die Testfrage folgende Schritt im Programmablauf übersprungen. Anfangs ist die Countdownzahl n nicht Null, deshalb wird Schritt 07 übersprungen und es geht weiter mit Schritt 08.

Die **GTO** 2-Anweisung (engl. *go to* — gehe zu) von Schritt 07 befiehlt dem Rechner, zu Label 2 zu gehen, das bisher noch nicht eingegeben wurde. Die **Pause**-Anweisung macht genau das, was das Wort bedeutet, nämlich eine Unterbrechung des Programmablaufs für etwa eine dreiviertel Sekunde. Gleichzeitig erscheint in der Anzeige der augenblickliche Wert der Countdownzahl (während der Rechnertätigkeit ist die Anzeige gelöscht). Nach dieser kurzen Pause läuft das Programm mit Schritt 09 weiter, wodurch die Ziffer 1 ins Anzeigeregister gebracht wird. Mit Schritt 10 wird die Zahl im Anzeigeregister (momentan 1) von der Zahl im Register 0 (der Countdownzahl) subtrahiert und das Ergebnis in eben diese Register gebracht. **INV** weist den Rechner an, das Inverse der im gleichen Schritt folgenden Operation auszuführen. Das Inverse der **SUM** (für Summe)-Operation ist natürlich die Subtraktion. Die **0** bezeichnet das Speicherregister, für das dieser Austausch des Inhalts durchgeführt werden soll. Wie im Kommentar bemerkt, ist die ursprüngliche Countdownzahl n im Speicherregister 0 jetzt $n-1$. Dieser Schritt ist ein Beispiel für die Leistungsfähigkeit der sogenannten Speicherregister-Arithmetik.

Die Eingabe **GTO 1** in Schritt 11 weist den Rechner an, an die Stelle des Programms zu springen, die mit Label 1 bezeichnet ist, in diesem Fall zu Schritt 04, von wo aus wieder die folgenden Schritte bis Schritt 11 abgearbeitet werden — dieses Mal mit der um eins verminderten Countdownzahl. Auf diese Schleife bezieht sich der Kommentar zu Schritt 04 und 11. Wenn n auf diese Art von 10 auf 0 vermindert worden ist, ergibt der nächste Durchlauf der Schleife ein ja auf die Testfrage in Schritt 06. Dies läßt den Rechner zu Label 2 springen, welches jetzt als Schritt 12 eingegeben wird. Der Zweck dieser Labels ist der, den Rechner zu der **R/S**-Anweisung (engl. *Run/Stop* — laufenlassen/anhalten) in Schritt 13 zu führen. Diese Anweisung stoppt den Rechner, wenn er läuft oder läßt ihn laufen, wenn er angehalten ist. In diesem Programm stoppt sie den Rechner nach vollständigem Countdown, wenn 0 im Anzeigeregister steht. Wenn Sie dann manuell die **R/S**-Anweisung ausführen, kommt der Rechner an die **RST**-Anweisung (engl. *to reset* — zurückstellen) in Schritt 14, wodurch die Programmtätigkeit auf Schritt 00 zurückgeführt wird und somit einen neuen Countdown ergibt.

Wenn Sie das Programm vollständig eingegeben haben, drücken Sie wieder **LRN**, um aus dem Programmiermodus in den Rechenmodus zu kommen. Drücken Sie dann **RST**, um den Rechner auf Schritt 00 zu stellen. Jetzt können Sie das Programm ablaufen lassen, indem Sie auf **R/S** drücken. Für einen erneuten Durchlauf drücken Sie wieder **R/S** usw.

1.2 Countdownprogramm für den HP-33E

Bringen Sie den **PRGM-RUN**-Schalter zunächst in **PRGM**-Stellung. Drücken Sie dann die mit **f** bezeichnete gelbe Taste und dann die Taste unter der gelben Beschriftung **PRGM**. So teilen Sie dem Rechner mit, daß Sie die gelb bezeichnete Funktion der Taste ausführen wollen, in diesem Fall „Programm löschen" (engl. *clear program*). Dadurch wird ein vorheriges Programm gelöscht und der Rechner auf Schritt 00 gesetzt, den Anfang des Programmspeichers. Jetzt ist der Rechner zum Empfang von Schritt 01 Ihres Programms bereit.

Um das Countdownprogramm einzutasten, drücken Sie jetzt einfach die in der Programmtabelle (Tabelle 1-2) in der dritten Spalte aufgelistete Tastenfolge. Beachten Sie, daß die Anzahl der gedrückten Tasten pro Programmschritt eins, zwei oder — wie in

Tabelle 1-2 Countdownprogramm für den HP-33E

Schritt	Code	Taste	X	Y	Z	T	Kommentar
00							
01	14 11 0	f FIX 0					ganzzahlige Anzeige
02	1	1	1				
03	0	0	10				
04	23 0	STO 0	10				$n = 10$ in Register 0
05	24 0	RCL 0	n				Schleifenanfang
06	15 71	g x = 0	n				Test ob $n = 0$
07	13 00	GTO 00	n				zu Stop
08	14 74	f PAUSE	n				
09	1	1	1				
10	23 41 0	STO – 0	1				jetzt $n - 1$ in Register 0
11	13 05	GTO 05	1				neue Schleife

Schritt 01 oder 10 — sogar drei sein kann. Zunächst dürcken Sie also nacheinander die Tasten **f**, **FIX** und **0**, womit Schritt 01 abgeschlossen ist. Die Anzeige zeigt jetzt 01 14 110.

Das erste Ziffernpaar kennzeichnet den Programmschritt als Schritt 01. Die anderen Ziffern sind Codezahlen zur Bezeichnung der gedrückten Tasten. Die Zahlen 14 und 11 bezeichnen die Tasten **f** und **FIX** durch Angabe ihrer Zeilen- und Spaltennummer auf dem Tastenfeld. So befindet sich beispielsweise die **f**-Taste in Zeile 1 von oben und Spalte 4 von links. Die letzte Ziffer, die 0, stellt die Codierung der **0**-Taste dar. Der Code für die zehn Zifferntasten folgt also nicht dem Zeilen-Spalten-Schema, sondern die Bezeichnung ist einfach 0, 1, 2 usw. Die Anzeige erleichtert die Überprüfung Ihrer Eingabe auf Fehler. Die **FIX**-Anweisung bewirkt die Anzeige der Ergebnisse in Festkommadarstellung (engl. *fixed decimal point format*) im Gegensatz zur wissenschaftlichen **SCI**- (engl. *scientific*) bzw. technischen **ENG**- (engl. *engineering*) Schreibweise; die 0 steht für die Zahl der Ziffern, die nach dem Dezimalpunkt angezeigt werden sollen. Wie in der Programmtabelle bemerkt wird, bezweckt diese Anweisung, daß der Rechner nur ganze Zahlen anzeigt.

Schritt 02 entsteht durch Drücken von 1, worauf 02 1 angezeigt wird. Dadurch wird die Zahl 1 ins unterste (oder X-) Register von vier Rechenregister gebracht. Da wir für das Countdown-Programm nur dieses X-Register brauchen, folgen Erläuterungen zu diesem Rechenregister-Stapel im zweiten Kapitel.

Für Schritt 03 drücken Sie die **0** (Anzeige: 03 0), wodurch die Ziffer 0 hinter die Ziffer 1 ins X-Register kommt, so daß dort die Zahl 10 steht. Mit Schritt 04, **STO 0** (engl. *to store* — speichern), wird der gegenwärtige Inhalt des X-Registers, die Zahl 10, in das Speicherregister 0 gebracht. Schritt 05, **RCL 0** (engl. *to recall* — zurückrufen) ruft den Inhalt des Speicherregisters 0 ins X-Register zurück. In der Programmtabelle ist der Inhalt des Registers 0 mit n, der jeweiligen Countdownzahl, bezeichnet. Die Zahl 10, gegenwärtig im Register 0, ist der Ausgangswert von n, der mit jedem Programmumlauf um eins vermindert wird, bis zum Wert Null. — Die Bedeutung des Kommentars „Schleifenanfang" werden Sie später erkennen.

Wenn Sie bemerken, daß Sie bei der Eingabe des gerade angezeigten Programmschritts einen Fehler gemacht haben, drücken Sie **BST** (engl. *backstep* — Schritt zurück), worauf der Rechner einen Programmschritt zurück geht und Sie die korrekte Eingabe machen können. Wenn Sie glauben, schon vorher einen Fehler gemacht zu haben, können Sie durch wiederholtes Drücken von **BST** Schritt für Schritt zurückgehen und die Anzeige überprüfen. Stellen Sie einen Fehler fest, drücken Sie noch einmal **BST** und geben dann den Programmschritt richtig ein. Das Drücken von **SST** (engl. *single step* — Einzelschritt) bringt Sie schrittweise wieder vorwärts bis zur gewünschten Stelle.

Als Schritt 06 drücken Sie die blaue **g**-Taste, gefolgt von der Taste, deren blaue Funktion $x = 0$ ist. Dies ist ein sehr interessanter Schritt, da es unser erstes Beispiel für die Ausführung eines Tests und einer Entscheidung durch den Rechner auf der Grundlage des Testergebnisses darstellt. Die Anweisung $x = 0$ überprüft, ob der Inhalt des X-Registers gleich Null ist. Da das X-Register die Countdownzahl n aus Register 0 enthält, heißt die Frage also, ob n gleich Null ist. Ist die Antwort darauf (oder auf eine der anderen sieben möglichen Test- und Vergleichsfragen) ja, macht das Programm mit dem nächsten Schritt weiter — lautet sie dagegen nein, wird der auf die Testanweisung folgende Schritt übersprungen. Mit der Anweisung **GTO 00** (engl. *go to* — gehe zu) in Schritt 07 wird die Programmausführung im Ja-Fall zu Schritt 00 geführt. Da die Countdownzahl n zunächst nicht Null ist, ist die Antwort nein und Schritt 07 wird übersprungen.

Die **PAUSE**-Anweisung in Schritt 08 bewirkt einfach eine Pause von etwa einer Sekunde im Programmablauf, während der der Inhalt des X-Registers, in diesem Fall die Countdownzahl n, angezeigt wird. Nach dieser Pause läuft das Programm mit Schritt 09 weiter, wodurch die Zahl 1 ins X-Register kommt.

In Schritt 10 machen Sie Ihre erste Bekanntschaft mit der Speicherregister-Arithmetik. Die **STO**-Anweisung von Schritt 04 ersetzt einfach den bisherigen Inhalt eines Speicherregisters durch den Inhalt des X-Registers. Die Anweisung in Schritt 10 hat jedoch eine Subtraktionsanweisung zwischen Speicherbefehl (**STO**) und der Ziffer, die das angesprochene Speicherregister bezeichnet. Dies bewirkt, daß der Inhalt des X-Registers vom Inhalt des bezeichneten Registers subtrahiert, und das Ergebnis in eben dieses Speicherregister gebracht wird. Dadurch wird also der Inhalt des Speicherregisters 0 um eins vermindert.

Nachdem die Countdownzahl jetzt um eins vermindert ist, sollte mit dem nächsten Schritt der gleiche Prozeß noch einmal eingeleitet werden, bis der Countdown beendet ist. Dies geschieht durch **GTO 05** in Schritt 11. Nachdem die Countdownzahl so von 10 auf 0 gebracht worden ist, ergibt der nächste Schleifendurchlauf eine positive Antwort auf die Frage in Schritt 06. Dann wird Schritt 07 nicht übersprungen und die Anweisung **GTO 00** ausgeführt. Schritt 00 ist ein besonderer Schritt: die Programmausführung wird gestoppt und der Inhalt des X-Registers angezeigt. Mit der so angezeigten Null ist der Countdown beendet.

Sobald Sie den letzten Programmschritt eingegeben haben, schalten Sie von **PRGM** auf **RUN** und bringen den Rechner durch Drücken von **f PRGM** auf Schritt 00. Beachten Sie, daß das Programm durch **f PRGM** gelöscht wird, wenn Sie nicht vorher auf **RUN** schalten (der Rechner kann auch durch **GTO 00** oder **g RTN** zu 00 gebracht werden). Durch Drücken der **R/S**-Taste können Sie jetzt das Programm starten. Mit dieser Taste können Sie das Programm laufen lassen (engl. *to run*), wenn es angehalten ist oder anhalten (engl. *to stop*), wenn es läuft. Um es noch einmal laufen zu lassen, drücken Sie wieder **R/S** usw.

1.3 Änderungen des Programms

Nachdem Ihr Countdown so erfolgreich läuft, möchten wir Ihnen vorschlagen, damit zu experimentieren, indem Sie es auf verschiedene Arten verändern. Beim Experimentieren mit Programmänderungen werden Sie Dinge entdecken und lernen, die Ihr Verständnis und Geschick vergrößern und sowohl Ihr Rechner als auch dieses Programm werden noch interessanter und hilfreicher für Sie.

Um an den Programmschritt, den Sie ändern wollen, zu kommen, ist es nicht nötig, daß Sie in den Programmiermodus umschalten und dann den langen Weg mit Einzelschritten zurücklegen, bis Sie an die gewünschte Stelle kommen. Vielmehr können Sie bei angehaltenem Programm aber noch im Rechenmodus beim HP-33E **GTO nn** eintasten oder beim TI-57 **GTO 2nd nn** drücken und dann in den Programmiermodus umschalten. Dabei ist nn die zweistellige Nummer des Schritts, den Sie ändern wollen (oder eines benachbarten Programmschritts).

Die einfachste Abänderung besteht wohl in der Änderung des Ausgangswertes n, von dem aus der Countdown beginnt, oder in der Änderung des Zählintervalles zwischen zwei Zählwerten. Wir möchten weder Ihre Intelligenz beleidigen noch Ihnen den Spaß rauben, indem wir Ihnen sagen, wie dies geht. Fangen Sie einfach an und machen Sie es. Natürlich kann man beide Änderungen auch gleichzeitig durchführen.

Wenn Sie sich an diesen Abänderungen versucht haben, haben Sie sicher einiges gelernt aber möglicherweise sind Sie auch einigen Problemen begegnet und haben sie gelöst. Zweifellos haben Sie gesehen, daß es mehr als einen geeigneten Weg gibt, um Ihren Rechner ans Ziel zu führen, oftmals einen längeren und einen kürzeren. Nebenbei, wenn Sie es noch nicht mit einem nicht-ganzzahligen Zählintervall probiert haben, versuchen Sie das doch auch einmal. Wir beneiden Sie fast um die interessanten Entdeckungen, die Sie bei all dem machen werden, wenn Sie die Fragen und Probleme lösen, mit denen Sie konfrontiert werden. Sicherlich entdecken Sie auch, welch guter Freund Ihnen das Bedienungshandbuch ist und wie nützlich sein Inhaltsverzeichnis sein kann.

Mit dem Anfangswert 60 können Sie jetzt die Zeit des Countdown überprüfen, um zu sehen wie nahe sie 60 Sekunden kommt. Wenn es etwas zu schnell geht, können Sie die Periode auf einen Zählvorgang pro Sekunde justieren, indem Sie eine geeignete Anzahl von **NOP**-Anweisungen (engl. *no operation* — keine Tätigkeit) kurz vor dem Ende Ihres Programms einbauen. Wie der Name schon sagt, übt der Rechner bei einer **NOP**-Anweisung „keine Tätigkeit" aus, aber er braucht etwas länger, um durch das Programm zu kommen. Die **NOP**-Taste ist außerdem nützlich, um entweder unerwünschte Programmschritte zu ersetzen oder um Platz für eventuell später einzufügende Schritte freizuhalten. Weitere Abänderungen, die Sie versuchen können sind: (1) Programmierung zum Vorwärts- statt Rückwärtszählen, (2) Änderung der Zahl, mit der das Zählen aufhört, (3) Ermöglichung von endlosem Zählen, (4) Programmierung eines sich fortlaufend wiederholenden Countdowns, ohne daß jedesmal **R/S** gedrückt werden muß, (5) Programmierung von abwechselndem Vorwärts- und Rückwärtszählen zwischen den zwei Grenzen usw.

Sie haben nun also gesehen, wie der Rechner einer Sequenz von Anweisungen folgt; Sie haben eine Test- und die darauf folgende Verzweigungsoperation, das Schleifenverfahren und die Registerarithmetik kennengelernt. Mit diesen Funktionen leistet der Rechner die Arbeit eines genialen Computers. Nachdem Sie gesehen haben, wie das Countdownprogram funktioniert, werden die detaillierten Erklärungen der Programmabläufe, wie wir sie hier gegeben haben, für die folgenden Programme nicht mehr nötig sein. Sie werden mit Hilfe der kurzen Kommentare in den Programmtabellen herausfinden können, wie die Programme arbeiten. Eine Ausnahme hiervon ist, daß wir im zweiten Kapitel kurz erklären werden, wie der Rechner algebraische Operationen ausführt.

2 Fallschirmspringer

In diesem Kapitel wollen wir unseren Taschenrechner so programmieren, daß er der Bewegung eines durch die Luft fallenden Fallschirmspringers folgt bzw. sie voraussagt. Bei der Ausführung des Programms wird der Taschenrechner die Geschwindigkeit und die vom Fallschirmspringer durchfallene Strecke für eine Reihe von kurz aufeinanderfolgenden Zeitpunkten angeben.

Diese Aufgabe ist Ihres programmierbaren Rechners würdig. Ohne Computer erfordert die Lösung dieses Problems einen großen Rechenaufwand und umfangreiche Kenntnisse über Differentialgleichungen, weil die Beschleunigung des Fallschirmspringers nicht konstant ist. Vielmehr verringert sich die Beschleunigung wegen des Luftwiderstandes mit zunehmender Fallgeschwindigkeit. Mit Hilfe der Fähigkeit des Rechners, rasch eine Reihe von wiederholten Berechnungen durchzuführen, werden Sie mit dem Problem fertig werden. Jede neue Berechnung in der Serie benutzt die Beschleunigung und Geschwindigkeit des Fallschirmspringers, die sich in der vorhergehenden Berechnung ergeben haben.

Wir werden hier weiteren Gebrauch von den Fähigkeiten des Rechners machen, die Sie im Countdown-Programm kennengelernt haben, und wir werden unsere erste Bekanntschaft mit einer grundlegenden Idee der Physik und einer einfachen aber leistungsfähigen Berechnungsmethode machen. Sowohl die Idee als auch die Methode werden bei vielen Problemen angewandt, wenn es um bewegte Körper geht. Bei der Berechnung der Fallschirmspringerbewegung werden Sie erfahren, warum der Fallschirmspringer eine konstante Endgeschwindigkeit erreicht, anstatt laufend weiter beschleunigt zu werden, durch welche Faktoren diese Geschwindigkeit bestimmt ist, wie lange es dauert, bis sie erreicht ist und was der Fallschirmspringer tun kann, um sie zu ändern. So ist das Fallschirmproblem eine Vorbereitung für den Umgang mit dem interessanteren, aber nur wenig komplizierteren Problem der Raketenbewegung. Tatsächlich wird das hier eingeführte Rechenschema dann auf die Raktenbewegung angewandt und (mit einer kleinen Erweiterung) im letzten Kapitel zur Lösung eines allgemeinen Problems der Astronomie und Weltraumwissenschaft benutzt werden — des Problems der Satellitenbewegung. Zusätzlich zu der breit anwendbaren Rechenmethode werden Sie laufend dem Gebrauch der vielleicht grundlegendsten Idee der Physik begegnen — des zweiten Newtonschen Bewegungsgesetzes. Fangen wir also an.

Zunächst werden wir nicht die Bewegung eines realen Fallschirmspringers betrachten, sondern den idealisierten und viel einfacheren Fall eines Springers im Vakuum statt in Luft (auf diese Art könnten wir wohl einige Fallschirmspringer verlieren, aber da es sich nur um idealisierte Springer handelt, wollen wir es riskieren). Der Vorteil eines Fallschirmspringers in Vakuum statt in Luft ist der, daß seine Bewegung durch eine konstante statt durch eine veränderliche Beschleunigung gekennzeichnet ist. Diese Vereinfachung hilft uns, uns zunächst auf die Rechenmethode und die physikalische Idee in ihren einfachsten Formen zu konzentrieren.

Die erwähnte konstante Beschleunigung wird von der Erdanziehungskraft verursacht. Diese Beschleunigung ist für alle Körper gleich, die nahe der Erdoberfläche fallen, sofern der Luftwiderstand keine Rolle spielt. Sie können ausprobieren, daß in diesem Fall Gegenstände mit unterschiedlichem Gewicht und Dichte gleich schnell fallen. Ein aufschlußreiches Experiment wäre ein Groschen und ein Fünfmarkstück, oder ein Tennis- und ein Fußball, die gleichzeitig von der gleichen Höhe aus fallengelassen werden (wenn Sie es mit einem Groschen und einer flaumigen Feder probieren, ändern sich die Dinge natürlich, da für die Feder der Luftwiderstand bestimmt nicht vernachlässigt werden darf). Die Erdbeschleunigung, die dabei wirkt, hat den Wert $9,8 \text{ m/s}^2$. Das bedeutet, daß der fallende Körper *während jeder Sekunde* seine nach unten gerichtete Geschwindigkeit um 9,8 Meter/Sekunde vergrößert.

Die Einheit der Beschleunigung legt eine Definition der mittleren Beschleunigung a nahe, wie sie in der folgenden Gleichung ausgedrückt wird:

$$a = \Delta v / \Delta t \tag{2-1}$$

Hier bezeichnen v die Geschwindigkeit und t die Zeit; Δ (der große griechische Buchstabe Delta) steht für die Worte „Änderung von". Das Symbol Δv steht also für die Geschwindigkeits*änderung* eines beschleunigten Objekts und das Symbol Δt bezeichnet die Zeit*änderung* (den Zeitraum), während der die Geschwindigkeitsänderung stattgefunden hat. So hat beispielsweise die Münze, die aus der Ruhelage fällt, ursprünglich die Geschwindigkeit Null, nach einer Sekunde des Fallens ist die Geschwindigkeit 9,8 m/s, nach Ablauf der zweiten Sekunde 19,6 m/s usw., so lange die Geschwindigkeit klein genug ist, um den Luftwiderstand vernachlässigen zu können. Die Geschwindigkeitsänderung ist einfach die Differenz der Geschwindigkeiten zu zwei aufeinanderfolgenden Zeitpunkten. In unserem Beispiel ist die Änderung Δv der nach unten gerichteten Geschwindigkeit in der ersten Sekunde also $9,8 \text{ m/s} - 0 \text{ m/s} = 9,8 \text{ m/s}$ und die Zeitänderung in diesem Intervall ist $\Delta t = 1 \text{ s} - 0 \text{ s} = 1 \text{ s}$. Die Beschleunigung a hat damit den Wert $a = \Delta v / \Delta t = (9,8 \text{ m/s})/1 \text{ s} = 9,8 \text{ m/s}^2$. Im zweiten Zeitintervall ist die Beschleunigung wieder $a = \Delta v / \Delta t = (19,6 \text{ m/s} - 9,8 \text{ m/s})/(2 \text{ s} - 1 \text{ s}) = 9,8 \text{ m/s}^2$. Diese Beschleunigung nennt man Erdbeschleunigung oder einfach g.

Entsprechend der Definition der Beschleunigung gibt es eine Definitionsgleichung für die Durchschnittsgeschwindigkeit $\bar{v}$:

$$\bar{v} = \Delta d / \Delta t \tag{2-2}$$

Sie definiert $\bar{v}$ als Quotienten aus dem zurückgelegten Weg Δd und der dafür benötigten Zeit Δt. Am Beispiel der Münze sieht das folgendermaßen aus: Die Münze fällt in der ersten Sekunde nach dem Loslassen 4,9 m tief, nach Ablauf der zweiten Sekunde hat sie insgesamt einen Weg von 19,6 m zurückgelegt. Die durchschnittliche Geschwindigkeit in der ersten Sekunde ist $\bar{v} = \Delta d / \Delta t = (4,9 \text{ m} - 0 \text{ m})/(1 \text{ s} - 0 \text{ s}) = 4,9 \text{ m/s}$. Während der nächsten Sekunde ist $\bar{v} = \Delta d / \Delta t = (19,6 \text{ m} - 4,9 \text{ m})/(2 \text{ s} - 1 \text{ s}) = 14,7 \text{ m/s}$. Zur Überprüfung dieser Rechnung können wir argumentieren, daß für eine bestimmte Sekunde die Durchschnittsgeschwindigkeit eines Objekts, dessen Geschwindigkeit sich gleichförmig mit der Zeit ändert (konstante Beschleunigung), gleich der Momentangeschwindigkeit nach Ablauf der ersten halben Sekunde sein muß. Diese Momentangeschwindigkeit in der Mitte müßte wiederum die Hälfte der Summe der Geschwindigkeiten am Anfang und am Ende der Sekunde betragen. $\bar{v}$ ergibt sich so für die erste Sekunde zu $(0 \text{ m/s} + 9,8 \text{ m/s})/2 = 4,9 \text{ m/s}$, für die zweite Sekunde zu $(9,8 \text{ m/s} + 19,6 \text{ m/s})/2 = 14,7 \text{ m/s}$.

Schließlich brauchen wir noch das Newtonsche Bewegungsgesetz, nach welchem die Beschleuchigung, der ein Körper ausgesetzt ist, direkt proportional zu der auf ihn einwirkenden Kraft F und umgekehrt proportional zur Masse m des Körpers ist. Wenn man geeignete Einheiten für die Größen a, F und m wählt, gilt somit:

$$a = F/m \tag{2-3}$$

Als Einheit der Masse und der Beschleunigung nehmen wir Kilogramm bzw. m/s². Die obige Gleichung legt dann die Krafteinheit dadurch fest, daß eine Krafteinheit einem Körper der Masse 1 kg die Beschleunigung $1\,\text{m/s}^2$ erteilt. Diese Einheit (kg · m/s²) heißt Newton, abgekürzt N. Mit Gleichung (2-3) sehen Sie leicht, daß ein Körper der Masse 1 kg durch eine Kraft von 5 N eine Beschleunigung von $5\,\text{m/s}^2$ erfährt, ein Körper mit einer Masse von 20 kg wird dagegen von der gleichen Kraft nur um $0{,}25\,\text{m/s}^2$ beschleunigt.

Die obenstehenden drei Gleichungen bilden die Grundlage für das Rechenschema, mit dem wir auf dem programmierbaren Rechner die Bewegung von Fallschirmspringern, Raketen und Satelliten berechnen können.

Zuerst wollen wir die Definitionsgleichungen der mittleren Beschleunigung a und der Durchschnittsgeschwindigkeit $\bar{v}$ benutzen, um für den idealisierten Fallschirmspringer die Geschwindigkeit v und die durchfallene Wegstrecke d als Funktion der Erdbeschleunigung g und der Zeit t darzustellen. Da Weg, Geschwindigkeit und Zeit am Anfang alle Null sind, können wir das Δ in den Definitionsgleichungen weglassen. Wenn wir noch das Symbol der Beschleunigung a durch das der Erdbeschleunigung g ersetzen, lautet Gleichung (2-1):

$$g = v/t$$

und $\bar{v} = \Delta d/\Delta t$ wird zu

$$\bar{v} = d/t$$

Durch Auflösen der ersten Gleichung nach v und der zweiten nach d erhalten wir

$$v = g \cdot t \tag{2-4}$$

und

$$d = \bar{v} \cdot t \tag{2-5}$$

Wie Sie sich erinnern, ist bei gleichmäßiger Beschleunigung über ein Zeitintervall, an dessen Anfang die Geschwindigkeit Null war, die mittlere Geschwindigkeit $\bar{v}$ gleich der Hälfte der Endgeschwindigkeit v, d.h. $\bar{v} = \frac{1}{2} g \cdot t$. Setzt man dieses $\bar{v}$ in Gleichung (2-5) ein, so lautet sie

$$d = \frac{1}{2} g \cdot t^2 \tag{2-6}$$

Die Gleichungen (2-4) und (2-6) sind ganz einfache Ausdrücke, mit denen man die Geschwindigkeit und den zurückgelegten Weg eines idealisierten Fallschirmspringers für jeden Moment erhält. Wenn sie auch für wirkliche Fallschirmspringer, die einer veränderlichen Beschleunigung auf Grund der Luftreibung ausgesetzt sind, gelten würden, bräuchte man weder einen programmierbaren Rechner noch die numerischen Rechenmethode — ein Iterationsverfahren—, die wir jetzt entwickeln werden. Wir wollen für den idealisierten Fallschirmspringer beide Lösungswege beschreiten, damit Sie die analytische Lösung durch die beiden obigen Gleichungen mit den Ergebnissen der numerischen Rechenmethode vergleichen können.

Die Strategie der numerischen Methode ist die, daß man sich die gesamte Zeit der Bewegung aus vielen kleinen aufeinanderfolgenden Zeitintervallen zusammengesetzt denkt. Für jedes dieser Intervalle berechnen wir die Geschwindigkeit in dessen Mitte (was wir als Durchschnittsgeschwindigkeit während des Zeitintervalls betrachten werden) und den Ort des Körpers am Ende des Zeitintervalls. Die Geschwindigkeit in der Mitte des Zeitintervalls ist dabei die Summe aus einer zuvor berechneten Geschwindigkeit (entweder am Anfang des Intervalls oder in der Mitte des vorhergehenden) und der Geschwindigkeitsänderung seit diesem Zeitpunkt.

$$v_{\text{Mitte}} = v_{\text{zuvor}} + \Delta v \tag{2-7}$$

Der Ort am Ende des Zeitintervalls läßt sich entsprechend als Summe der Entfernung von einem Bezugspunkt am Anfang und dem zurückgelegten Weg während des Intervalls darstellen:

$$d_{\text{Ende}} = d_{\text{Anfang}} + \Delta d \tag{2-8}$$

Die Werte für Δv und Δd in diesen Gleichungen erhält man aus (2-1) und (2-2) zu $\Delta v = a \cdot \Delta t$ und $\Delta d = \bar{v} \cdot \Delta t$ oder, wenn man v_{Mitte} als Durchschnittsgeschwindigkeit $\bar{v}$ betrachtet, zu $\Delta d = v_{\text{Mitte}} \cdot \Delta t$. Setzen wir diese Ausdrücke in (2-7) und (2-8) ein, ergibt dies

$$v_{\text{Mitte}} = v_{\text{zuvor}} + a \cdot \Delta t \tag{2-9}$$

und

$$d_{\text{Ende}} = d_{\text{Anfang}} + v_{\text{Mitte}} \cdot \Delta t \tag{2-10}$$

Durch fortgesetzte Anwendung dieser beiden Gleichungen können wir nacheinander für jedes Zeitintervall die Geschwindigkeit in seiner Mitte und den bis zu seinem Ende insgesamt zurückgelegten Weg berechnen.

Um die Anwendung dieser Methode auf unseren idealisierten Fallschirmspringer zu verdeutlichen, sind unten die drei Gleichungspaare für die ersten drei Zeitintervalle der Bewegung angegeben (2-11). Die Indices 0, 1/2, 1 usw. bei d und v stehen für die Zeit $0 \cdot \Delta t$, $1/2 \cdot \Delta t$, $1 \cdot \Delta t$ usw., für die diese Werte gelten. Nehmen Sie an, Sie kennen den Wert von a als die Erdbeschleunigung g, die Anfangswerte v_0 und d_0 (normalerweise aber nicht notwendig gleich Null) und Sie haben einen Wert für Δt gewählt. Dann können Sie nachvollziehen, daß der Wert jedes Symbols, das in den Gleichungen (2-11) rechts des Gleichheitszeichens auftaucht, entweder von Anfang an bekannt ist oder in der vorhergehenden Gleichung berechnet worden ist und daß die Berechnung jedes Wertes von v oder d auf der linken Seite nach der oben ausgeführten Strategie erfolgt.

$$
\left.
\begin{array}{lll}
v_{1/2} = v_0 + (a\,\Delta t)/2 & \text{für} & t = 1/2\,\Delta t \\
d_1 = d_0 + v_{1/2}\,\Delta t & & t = \Delta t \\[4pt]
v_{3/2} = v_{1/2} + a\,\Delta t & & t = 3/2\,\Delta t \\
d_2 = d_1 + v_{3/2}\,\Delta t & & t = 2\,\Delta t \\[4pt]
v_{5/2} = v_{3/2} + a\,\Delta t & & t = 5/2\,\Delta t \\
d_3 = d_2 + v_{5/2}\,\Delta t & & t = 3\,\Delta t
\end{array}
\right\}
\begin{array}{l}
\text{für konstante} \\
\text{Beschleunigung}
\end{array}
\tag{2-11}
$$

Das durch diese Gleichungspaare aufgestellte Muster kann für alle Zeitintervalle unendlich lange fortgesetzt werden. In jeder Gleichung des folgenden Paares muß nur der jeweilige Index um eins erhöht werden, während ansonsten das Muster erhalten bleibt. Die einzige Ausnahme in diesem Muster bildet die allererste Gleichung: Hier müssen wir zur Berechnung der Geschwindigkeit in der Mitte des ersten Zeitintervalls von der Anfangsgeschwindigkeit v_0 ausgehen und zu dieser Anfangsgeschwindigkeit die Geschwindigkeitsänderung während eines halben Zeitintervalls addieren.

Die durch die Gleichungen (2-11) dargestellten Berechnungen werden natürlich von oben beginnend der Reihe nach ausgeführt, weshalb das entsprechende Rechenprogramm gut überschaubar ist. Nichts destoweniger ist das folgende Fallschirmprogramm das wichtigste dieses Buches, da es den Prototyp für Programme zur Lösung allgemeiner Bewegungsprobleme darstellt. Das ihm zugrundeliegende Schema und seine Form wird nicht nur auf die Bewegung von Teilchen, sondern auch auf die Wellenausbreitung und sogar bei der Untersuchung atomarer Strukturen angewandt.

Ein Programm, mit dem man sowohl den idealisierten als auch den realen Fallschirmspringer (mit Reibung und veränderlicher Beschleunigung) beschreiben kann, ist nur wenige Schritte länger als ein ähnliches Programm, das nur für den idealisierten Fall entworfen wurde. Demgemäß stellen wir hier ein Programm vor, das in einem kurzen Abschnitt den Effekt der Luftreibung berücksichtigt, welchen wir aber in unseren Erläuterungen zunächst überspringen. Nachdem Sie das Flußdiagramm für das Fallschirmprogramm (Bild 2-1) studiert haben, werden wir in einem der nächsten beiden Abschnitte das Programm für Ihren Rechnertyp diskutieren, eingeben und in Betrieb setzen.

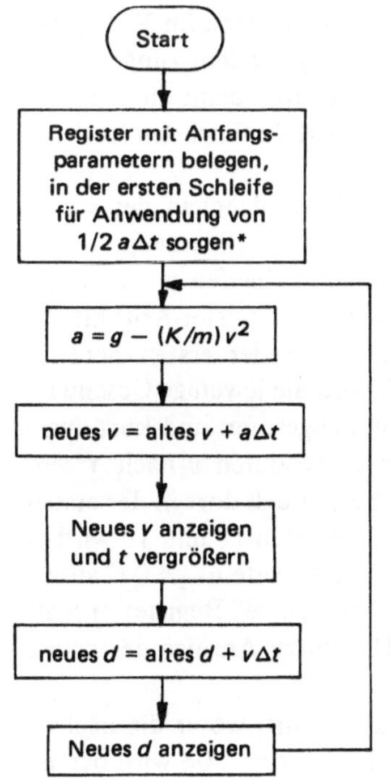

Bild 2-1

Flußdiagramm für das Fallschirmprogramm

* Für HP-Rechner: Späterer Test ($t = 0$) identifiziert die erste Schleife zur Einfügung des Faktors 1/2.

2.1 Fallschirmprogramm für den HP-33E

Dem eigentlichen Programm ist eine Zusammenstellung über Registerinhalte und über das Belegen der Register vorangestellt; sie bezieht sich auf die Speicherregister des Rechners. Die ersten drei Register speichern in diesem Programm Konstanten, die durch die **RCL**-Anweisung, gefolgt von der Nummer des entsprechenden Speichers, in das laufende Programm abgerufen werden (der Inhalt des Speichers wird, wie Sie sich erinnern, durch die **RCL**-Anweisung nicht gelöscht). Die nächsten drei Register enthalten Variablen, deren Werte sich durch die ablaufenden Operationen der Programmalgebra und Speicherregister-Arithmetik fortlaufend ändern. Die unabhängige Variable, die Zeit t, steht in Register 5, die zeitabhängigen Variablen Geschwindigkeit v und Entfernung d in Register 3 bzw. 4. Bevor wir das Programm starten, müssen diese Register mit den gewünschten Anfangswerten für v, d und t belegt werden, und vor jedem neuen Start des Programms müssen diese Anfangswerte erneuert werden.

Mit Schritt 01 wird der Inhalt des Registers 0, also die Erdbeschleunigung g, in das X-Register geholt, wo sie später gebraucht wird. Die Schritte 02 bis 06, die mit der Konstanten K/m aus Register 1 zu tun haben, stellen den Teil des Programms dar, der die Luftreibung berücksichtigt. Wir werden später genauer darauf eingehen. Für unseren idealisierten Fallschirmspringer ist K/m jedenfalls Null, weshalb die Beschleunigung $a = g - (K/m) \cdot v^2$, die nach Schritt 06 im X-Register steht, gleich g ist, d.h. daß im Programm für den idealisierten Fall die Beschleunigung a gleich der Erdbeschleunigung g ist. Schritt 07 ruft t von Register 5 ins X-Register, wobei a in das Y-Register des Rechenregisterstapels (Stack) gehoben wird. Mit der Testfrage in Schritt 08 wird überprüft, ob $t = 0$ ist, was nur in der ersten Schleife der Fall ist, wo $v_{1/2}$ und d_1 berechnet werden. Mit der Antwort „ja" wird in der ersten Schleife also der Sprungbefehl **GTO 23** von Schritt 09 ausgeführt. Schritt 23 verschiebt die Stackinhalte nach unten, so daß jetzt a im X-Register steht. Mit den Schritten 24 und 25 wird im X-Register $a/2$ erzeugt, indem zunächst die Ziffer 2 in X gebracht und damit a nach Y hochgeschoben wird und dann die Division (Inhalt von Y durch Inhalt von X) zur Ausführung kommt. Schritt 26 führt den Rechner mit $a/2$ im X-Register zu Schritt 11 zurück.

Schritt 11 ruft Δt aus Register 2 ins X-Register und schiebt dabei in der ersten Schleife $a/2$ (in den folgenden Schleifen a) ins Y-Register. Schritt 12 erzeugt durch Multiplikation in der ersten Schleife $(a/2) \cdot \Delta t$ (in den folgenden Schleifen $a \cdot \Delta t$, vergl. Gleichungen 2-11), was als Δv durch die Anweisung 13 (Speicherregister-Arithmetik) zum Inhalt von Register 3 addiert wird. Register 3 enthält so in der ersten Schleife $v_{1/2}$, in der zweiten $v_{3/2}$ usw. Durch die Schritte 14 und 15 wird die jeweilige Geschwindigkeit ($v_{1/2}$ in der ersten Schleife, in der nächsten $v_{3/2}$ usw.) abgerufen und kurz angezeigt. Schritt 16 ruft Δt aus Register 2 wieder ins X-Register, wodurch v nach Y verschoben wird. Schritt 17 addiert Δt zum Inhalt von Register 5, so daß dort in der ersten Schleife t_1 (bzw. t_2 in der nächsten Schleife) steht. Mit den Schritten 18 und 19 wird in der ersten Schleife die Multiplikation $v_{1/2} \cdot \Delta t$ (in der nächsten Schleife $v_{3/2} \cdot \Delta t$) ausgeführt und das so erzeugte Δd zum Inhalt von Register 4 addiert. Dieses Register enthält also in der ersten Schleife d_1, in der zweiten d_2 usw. Die kurze Anzeige des neuen d-Wertes geschieht durch die Schritte 20 und 21.

Danach wird der Rechner mit Schritt 22 zu Schritt 01 geführt, wo er die nächste Schleife zu durchlaufen beginnt. Die Antwort auf die Testfrage in Schritt 08 wird bei der zweiten und jeder folgenden Schleife „nein" sein. Der Rechner wird daher Schritt 09 überspringen, und die Schritte am Ende des Programms, die ja nur in der ersten Schleife zur Einfügung des Faktors 1/2 benötigt werden, nicht ausführen. Nach Schritt 10 ist der Inhalt des X-Registers somit a anstatt $a/2$. Von nun an wird diese und jede weitere Schleife in der bereits beschriebenen Weise durchlaufen, wobei in jeder Schleife neue Werte für v, d und t erzeugt werden.

Die Eingabe des Programms erfolgt durch Schalten auf **PRGM**-Stellung, Löschen mittels **f PRGM** und Eintasten der Schritte 01 bis 26. Danach schalten Sie auf **RUN** und bringen den Rechner durch **f PRGM** zu Schritt 00. Jetzt erfolgt das Belegen der Speicherregister mit dem Wert von g und dem gewählten Δt. Mit dem Wert von 9,8 m/s für g ist die Einheit für Δt als Sekunde festgelegt. Für Δt sind Werte zwischen 0,1 und 1 geeignet. Das Speichern von g und Δt geschieht durch **9.8 STO 0** bzw. durch Drücken der für Δt gewählten Zahl, gefolgt von **STO 2**. In den Registern 1, 3, 4 und 5 steht automatisch Null, wenn Sie dort nach Einschalten des Rechners keine anderen Werte gespeichert haben. Ist dies doch der Fall, müssen Sie sie durch Abspeichern von Null in die entsprechenden Register ersetzen. Jetzt kann das Programm durch Drücken von **R/S** gestartet werden.

Die aufeinanderfolgenden Wertepaare, die Sie bei jeder Schleife sehen, stellen die Geschwindigkeit (in m/s) des Fallschirmspringers in der Mitte des Zeitintervalles und die gesamte durchfallene Wegstrecke an dessen Ende dar. Wenn Sie die zum angezeigten Wert von d gehörende Zeit bestimmen möchten, halten Sie den Programmablauf durch Drücken von **R/S** während der Anzeigepause an und bringen durch **RCL 5** den gewünschten t-Wert in die Anzeige. Dieses t ist natürlich um $1/2\ \Delta t$ größer als das zum vorher angezeigten Wert von v gehörende. Mit einem Tastendruck auf **R/S** lassen Sie das Programm weiterlaufen. Ruft man t während der Pause, in der v angezeigt wird, auf, so erhält man einen Wert, der um $1/2\ \Delta t$ kleiner ist, als der zum angezeigten v gehörende, weil t je zwischen den beiden Pause-Anweisungen um Δt vergrößert wird. Jede Operation, die (wie die Anzeige von t in der ersten Pause) den zunächst angezeigten Wert von v aus dem X-Register verdrängt, führt allerdings zu Fehlern, wenn der für die weiteren Rechnungen dort benötigte v-Wert nicht ins X-Register zurückgebracht wird (durch **R↓** oder **RCL 3**), bevor das Programm wieder gestartet wird.

Wenn Sie einen neuen Durchlauf wollen, halten Sie das Programm an, drücken **f PRGM**, um den Rechner zu Schritt 00 zu bringen, und speichern wieder die Ausgangswerte für v, d und t in den Registern 3, 4 und 5 ab. Wenn Sie der Bewegung des Springers besser folgen wollen und z.B. bequem ein Schaubild von v oder d über t zeichnen wollen, können Sie eine oder beide Pause-Anweisungen durch **R/S** ersetzen. Natürlich können Sie auch den Wert von Δt verändern oder eine der Pause-Anweisungen durch **NOP** löschen und andere Änderungen vornehmen.

Tabelle 2-1 Fallschirmspringerprogramm für den HP-33E

Registerinhalte und Belegen der Register

Register		0	1	2	3	4	5	6	7
Inhalt		g	K/m	Δt	v	d	t	–	–
Belegung		g	K/m	Δt	0	0	0	–	–

oder andere obliga-
Werte torisch

Anzeige:	v, d nacheinander für jede Schleife
Abruf:	t durch RCL 5 bei Anzeige von d

Programm:

Schritt	Code	Taste	X	Y	Z	T	Kommentar
00							
01	24 0	RCL 0	g				
02	24 1	RCL 1	K/m	g			
03	24 3	RCL 3	v	K/m	g		
04	15 0	$g\,x^2$	v^2	K/m	g		
05	61	×	Kv^2/m	g			
06	41	–	a				$g-Kv^2/m = a$
07	24 5	RCL 5	t	a			
08	15 71	g x = 0	t	a			Test ob $t = 0$
09	13 23	GTO 23	t	a			
10	22	R↓	a				
11	24 2	RCL 2	Δt	a			ist $a/2$ wenn $t = 0$
12	61	×	$a\,\Delta t$				$a\,\Delta t = \Delta v$
13	23 51 3	STO + 3	$a\,\Delta t$				v vergrößert
14	24 3	RCL 3	v				
15	14 74	f PAUSE	v				v angezeigt
16	24 2	RCL 2	Δt	v			
17	23 51 5	STO + 5	Δt	v			t vergrößert
18	61	×	$v\,\Delta t$				$v\,\Delta t = \Delta d$
19	23 51 4	STO + 4	$v\,\Delta t$				d vergrößert
20	24 4	RCL 4	d				
21	14 74	f PAUSE	d				d angezeigt
22	13 01	GTO 01	d				neue Schleife
23	22	R↓	a				
24	2	2	2	a			
25	71	÷	$a/2$				
26	13 11	GTO 11	$a/2$				zur Fortsetzung der ersten Schleife

2.2 Fallschirmprogramm für den TI-57

Im Gegensatz zur Tabelle des Countdownprogramms wird hier zunächst eine Übersicht über die Speicherregister und darüber, wie sie belegt werden, vorangestellt. In diesem Programm werden in den ersten drei Registern Konstante gespeichert, die durch die Anweisung **RCL**, gefolgt von der Nummer des entsprechenden Registers, in das laufende Programm abgerufen werden. Zur Erinnerung: Die **RCL**-Anweisung bringt den Inhalt des angesprochenen Registers in das Anzeigeregister, ohne ihn aus dem Speicherregister zu löschen. Die nächsten drei Register enthalten Variablen, deren Werte sich durch die ablaufenden Operationen der Programmalgebra und der Speicherregister-Arithmetik fortlaufend ändern. Die unabhängige Variable, die Zeit t, steht in Register 5, die zeitabhängigen Variablen Geschwindigkeit v und zurückgelegter Weg d in Register 3 und 4. Bevor wir das Programm starten, müssen die gewünschten Anfangswerte für v, d und t in die entsprechenden Register abgespeichert werden, und vor jedem neuen Start des Programms müssen die Anfangswerte in diesen Registern erneuert werden.

Bei der ersten Schleife des Rechners durch das Programm erzeugen die Schritte 00 bis 14 die Größe $1/2\,a\,\Delta t$ (siehe erste Zeile der Gleichungen 2-11), die zu v_0 addiert $v_{1/2}$ ergibt, also die Geschwindigkeit in der Mitte des ersten Zeitintervalls. Bei den nachfolgenden Schleifen werden die Schritte 00 bis 03 ausgelassen und die Schritte 04 bis 14 erzeugen damit die Größe $a\,\Delta t$ (siehe dritte und fünfte Zeile der Gleichungen 2-11). Die Schritte 06 bis 10 werden im Fall des idealisierten Fallschirmspringers mit konstanter Beschleunigung $a = g$ nicht benötigt. Sie wurden eingefügt, um später eine realistische, durch eine variable Beschleunigung gekennzeichnete Behandlung des Fallschirmspringers zu ermöglichen.

Mit den ersten beiden Programmschritten wird $1/2$ in das Anzeige- oder x-Register geschrieben. Schritt 03 öffnet eine Klammer und teilt so dem Rechner mit, daß die mit Schritt 02 aufgerufene Multiplikation erst ausgeführt werden soll, wenn die Klammer geschlossen und ihr Inhalt ausgewertet worden ist. Schritt 04, **Lbl**, hat den Zweck, eine Adresse einzuführen, um das Programm vom Ende der Schleife an diesen Punkt zurückführen zu können, so daß die Multiplikation mit $1/2$ in allen Schleifen außer der ersten umgangen werden kann.

Schritt 05 ruft den Inhalt von Register 0 — die Erdbeschleunigung g — in das Anzeigeregister, die Schritte 06 bis 10 bewirken, daß davon $(K/m)\,v^2$ subtrahiert wird. Für unseren idealisierten Fallschirmspringer ist der Wert von K/m jedoch gleich Null (siehe nachfolgende Behandlung des Falles mit veränderlicher Beschleunigung), so daß die Beschleunigung a gleich der Erdbeschleunigung ist. Das = veranlaßt den Rechner, alle aufgerufenen Operationen einschließlich der Schließung jeder offenen Klammer auszuführen; damit wird in der einleitenden Schleife $1/2\,a$, in den folgenden Schleifen a im Anzeigeregister erzeugt. Die Schritte 12 bis 14 bewirken die Multiplikation dieser Größe mit Δt, das von Register 2 abgerufen wird; so ergibt sich in der ersten Schleife $1/2\,a \cdot \Delta t$, in den folgenden Durchläufen $a \cdot \Delta t$. Dies wird addiert zum Inhalt von Register 3 durch die Anweisung **SUM 3** in Schritt 15. So enthält 3 nun $v_{1/2}$ in der ersten Schleife, bzw. $v_{3/2}$ in der nächsten Schleife usw. Die Schritte 16 und 17 rufen die jeweilige Geschwindigkeit — also $v_{1/2}$ in der ersten Schleife, $v_{3/2}$ in der zweiten Schleife usw. — von Register 3 ab und zeigen sie kurz an. Schritt 18 ruft eine Multiplikation mit dem Inhalt des Anzeigeregisters ($v_{1/2}$ bzw. $v_{3/2}$ usw.) als ersten Faktor auf. Der zweite Faktor, Δt, wird mit Schritt 19 in das Anzeigeregister gerufen und — vor Ausführung der Multiplikation durch = in Schritt 21 — zum Inhalt des Registers 5 addiert (Schritt 20), so daß in Register 5 in der ersten Schleife t_1, in der zweiten t_2 usw. steht. Die durch Schritt 21 abgeschlossene Multiplikation liefert $v \cdot \Delta t$, die Entfernungsänderung des Fallschirmspringers während des jeweiligen Zeitintervalls. Schritt 22 addiert diese Abstandsänderung zu Register 4, so daß dort in der ersten Schleife d_1, in der zweiten d_2 usw. steht. Schritt 23 und 24 rufen diesen neuen Wert des zurückgelegten Wegs ins Anzeigeregister und zeigen ihn kurz an.

Dann läßt Schritt 25 den Rechner zu Schritt 04 zurückkehren, der Stelle des Programms, die durch Label 1 gekennzeichnet ist. Hier beginnt die nächste Schleife des Programms, aber diesmal ohne den Faktor 1/2, der ja nur für die erste Schleife von Belang ist (siehe Gleichung 2-11). Im Kommentar der Programmtabelle steht der Faktor 1/2 deshalb in Klammern. Von nun an werden diese und alle nachfolgenden Schleifen wie schon beschrieben durchlaufen, wobei jede Schleife neue Werte für v, d und t erzeugt.

Um das Programm einzugeben und zu starten, schalten Sie den Rechner kurz aus (OFF) und wieder ein (ON), um das vorhergehende Programm zu löschen. Dann drücken Sie LRN und tasten die Schritte 00 bis 25 ein. Nach Beendigung der Programmeingabe drücken Sie wieder LRN, um vom Programmiermodus zum Rechenmodus umzuschalten, dann RST oder GTO 00, um den Rechner zu Schritt 00 zu bringen. Speichern Sie in den zugeordneten Speicherregistern die Werte für g und das gewünschte Δt ein. Wenn Sie für g den Wert 9,8 (für 9,8 m/s) benutzen, ist Δt in Einheiten von Sekunden einzugeben. Für Δt sind Werte im Bereich von 0,1 bis 1 geeignet. Das Abspeichern von g erfolgt durch Drücken von 9,8 STO 0; Δt wird eingegeben durch Drücken des gewünschten Zahlenwertes, gefolgt von STO 2. In den Registern 1, 3, 4 und 5 steht automatisch 0, wenn Sie dort keine anderen Werte nach Einschalten des Rechners gespeichert haben. Ansonsten muß man in diese Speicher 0 abspeichern. Nun drücken Sie 2nd Fix 2. Dies bewirkt, daß die angezeigten Zahlenwerte auf zwei Stellen nach dem Komma gerundet werden; auf die Zahlenwerte, mit denen gerechnet wird, wirkt sich das nicht aus. Das Programm kann nun durch Drücken von R/S gestartet werden.

Die aufeinanderfolgenden Wertepaare, die für jede Schleife in der Anzeige erscheinen, stellen die Geschwindigkeit (in m/s) des Fallschirmspringers in der Mitte des Zeitintervalls und den am Ende des Intervalls zurückgelegten Gesamtweg (in m) dar. Um für einen angezeigten d-Wert (Strecke, die der Fallschirmspringer gefallen ist) die dazugehörige Zeit zu erhalten, halten Sie während der Anzeige von d die R/S-Taste für einen Moment gedrückt und tasten dann RCL 5, wodurch von Register 5 der gewünschte t-Wert abgerufen wird. Dieses t ist natürlich um 1/2 Δt größer als die zum zuvor angezeigten v-Wert gehörende Zeit. Durch nochmaliges Drücken von R/S läuft das Programm weiter. Wenn man t in der Pause, in der v angezeigt wird, abruft, erhält man einen Wert, der um 1/2 Δt kleiner ist als der zu dem angezeigten v gehörende, da t zwischen den beiden Pause-Anweisungen um Δt erhöht wird. Wenn während der Pause zur Anzeige von v ein anderer Wert ins Anzeigeregister gerufen wird und v vor der R/S-Anweisung nicht wieder dahin zurückgebracht wird, entstehen jedoch Fehler, weil für die folgenden Berechnungen der Inhalt des Anzeigeregisters benutzt wird.

Wenn Sie das Programm von neuem laufen lassen wollen, müssen Sie das laufende Programm stoppen, den Rechner durch RST an die Stelle 00 führen und die (Null-) Anfangswerte für v, d und t in Register 3, 4 und 5 abspeichern. Um dem Verlauf des Absprungs leichter folgen zu können oder um v bzw. d bequemer über t auftragen zu können, lassen sich eine oder beide Pause-Anweisungen durch R/S ersetzen. Oder Sie können den Δt-Wert verändern oder eine der Pause-Anweisungen durch die Nop-Anweisung streichen und andere Veränderungen vornehmen.

Tabelle 2-2 Fallschirmspringerprogramm für den TI-57

Registerinhalte und Belegen der Register

Register:	0	1	2	3	4	5	6	7
Inhalt:	g	K/m	Δt	v	d	t	–	–
Belegung:	g	K/m	Δt	0	0	0	–	–

oder andere Werte

Anzeige: v, d nacheinander für jede Schleife
Abruf von t: RCL 5 bei Anzeige von d

Programm

Schritt	Code	Taste	Kommentar
00	02	2	2
01	25	$1/x$	1/2
02	55	×	
03	43	(	
04	86 1	2nd Lbl 1	
05	33 0	RCL 0	g
06	65	–	
07	33 1	RCL 1	K/m
08	55	×	
09	33 3	RCL 3	v
10	23	x^2	v^2
11	85	=	$(1/2)\,a$
12	55	×	
13	33 2	RCL 2	Δt
14	85	=	$(1/2)\,a\,\Delta t = \Delta v$
15	34 3	SUM 3	v vergrößert
16	33 3	RCL 3	v
17	36	2nd Pause	v angezeigt
18	55	×	
19	33 2	RCL 2	Δt
20	34 5	SUM 5	t vergrößert
21	85	=	$v\,\Delta t = \Delta d$
22	34 4	SUM 4	d vergrößert
23	33 4	RCL 4	d
24	36	2nd Pause	d angezeigt
25	51 1	GTO 1	Schleife ohne 1/2

2.3 Freier Fall

Zahlenwerte: $g = 9{,}8$ $K/m = 0$ $\Delta t = 0{,}5$

Für den Fall, daß keine Luftreibung auftritt, sind die Werte für v und d, die wir mit der verwendeten numerischen Methode erhalten, völlig exakt. Sie können das leicht nachprüfen, indem Sie die erhaltenen Wertepaare für d und t mit den Ergebnissen von Gleichung (2-6), $d = 1/2\,gt^2$, vergleichen. (Sie können dazu den Rechner benutzen, nachdem Sie das Programm bei der Anzeige eines d-Wertes angehalten haben). Die gleiche Genauigkeit kann mit Hilfe von Gleichung (2-4) $v = g\,t$ für jedes Paar von v- und t-Werten gezeigt werden. Beachten Sie dabei, daß die v-Werte des Programms für die Mitten der Zeitinter-

valle gelten. Die Ergebnisse sind in Bild 2-2 für v über t und in Bild 2-3 für d über t darge-
stellt. In beiden Diagrammen stehen die Punkte für Werte, die mit Hilfe des numerischen
Programms für $\Delta t = 0,5$ und $g = 9,8$ erhalten wurden, die Kreuze repräsentieren analytische
Ergebnisse von Gleichung (2-4) bzw. (2-6) für einige Werte von t.

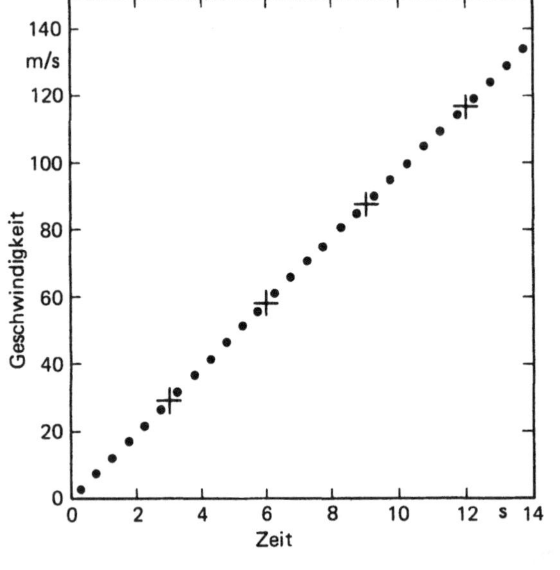

Bild 2-2

Analytische und numerische Ergebnisse
für den idealisierten Fallschirmspringer

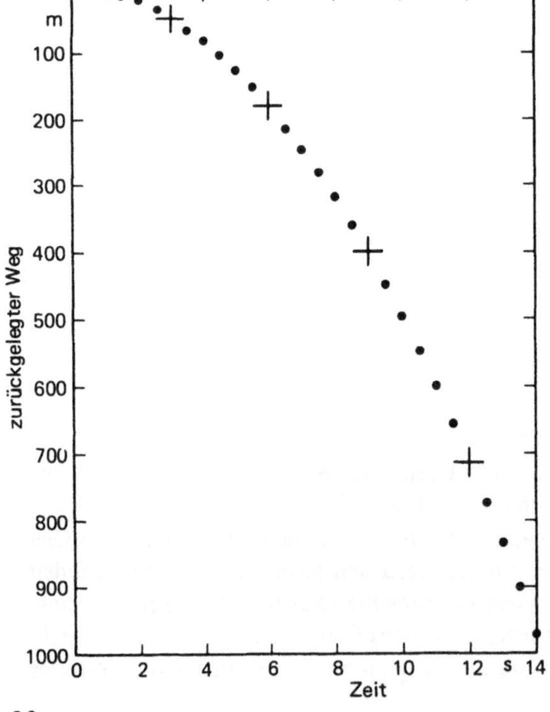

Bild 2-3

Analytische und numerische Ergebnisse
für den idealisierten Fallschirmspringer

2.4 Fall mit Reibung – Der reale Fallschirmspringer

Für die Lösung des Problems mit konstanter Beschleunigung ist das benutzte numerische Verfahren eigentlich wertlos, da die analytische Methode mit den Gleichungen (2-4) und (2-6) weder die Programmierung eines Rechners noch eine Vielzahl von wiederholten Rechengängen erfordert.

Ganz anders ist die Situation, wenn die Beschleunigung einer Bewegung nicht konstnat ist. Bei realen Bewegungen hängt die Beschleunigung häufig von der Geschwindigkeit, dem Ort, der Zeit oder von einer Kombination dieser Größen ab. In solchen Fällen erfordern analytische Lösungen weitgehende mathematische Kenntnisse, häufig ist die Lösung der dabei auftretenden Differentialgleichungen schwierig, manchmal auf direktem analytischen Weg ganz unmöglich. Auf fast alle diese Probleme kann eine numerische Prozedur, wie wir sie entwickelt haben, mit Erfolg angewandt werden. Die numerische Methode liefert in solchen Fällen Näherungslösungen, die der exakten Lösung soweit wie nötig angenähert werden können. Durch Verkleinerung des Zeitintervalls Δt läßt sich die Näherung verbessern, aber gleichzeitig steigt damit die Zahl der nötigen Rechenschritte. Diese Methode der aufeinanderfolgenden Näherungen – ein sogenanntes Iterationsverfahren – findet breite Anwendung in Wissenschaft und Technik. Wir werden sie hier auf den Fall eines realen Fallschirmspringers anwenden – ein Problem, bei dem der programmierbare Taschenrechner zeigt, was er wert ist.

Als ersten Schritt müssen wir eine ganz einfache Änderung in den Gleichungen vornehmen, auf die sich die numerische Methode bei konstanter Beschleunigung stützte. Die Gleichungspaare (2-12) erlauben uns die Anwendung der schon entwickelten numerischen Methode auf Situationen, in denen die Beschleunigung a nicht konstant, sondern eine Funktion von v, d und t ist. Wie wir schon am Anfang dieses Kapitels erwähnten, ist die Beschleunigung des realen Fallschirmspringers geschwindigkeitsabhängig. Die folgenden Gleichungen sind identisch mit den Gleichungen (2-11), außer daß die Gleichheitszeichen von (2-11) durch Zeichen für „ungefähr gleich" ersetzt sind.

$$
\left.
\begin{array}{l}
v_{1/2} \cong v_0 + (a\,\Delta t)/2 \\[4pt]
d_1 \cong d_0 + v_{1/2}\,\Delta t \\[10pt]
v_{3/2} \cong v_{1/2} + a\,\Delta t \\[4pt]
d_2 \cong d_1 + v_{3/2}\,\Delta t \\[10pt]
v_{5/2} \cong v_{3/2} + a\,\Delta t \\[4pt]
d_3 \cong d_2 + v_{5/2}\,\Delta t
\end{array}
\right\} \quad \text{für kleine Zeitintervalle } \Delta t
\qquad (2\text{-}12)
$$

Der Anwendung dieser Gleichung liegt die Idee zugrunde, daß bei kleinem Zeitintervall Δt auch die Änderung der Beschleunigung während des Intervalls klein ist. Dann stellt der Anfangswert von a, der sich aus den Anfangswerten von v, d und/oder t berechnen läßt, eine gute Näherung für den Durchschnittswert von a im ersten Zeitintervall dar. Mit diesem angenäherten Wert der Beschleunigung lassen sich mit dem ersten Gleichungspaar (2-12) Näherungswerte für die Geschwindigkeit in der Mitte und die Entfernung am Ende des ersten Zeitintervalls berechnen. Diese neuen Werte von v, d und t ermöglichen dann die Berechnung eines neuen Näherungswertes von a für das zweite Zeitintervall, mit dessen Hilfe die Werte von v und d dieses Intervalls näherungsweise berechnet werden können usw. Die Näherung wird dabei um so besser, je kleiner das Zeitintervall gewählt wird.

Bevor wir diese Methode auf den Fallschirmspringer anwenden können, müssen wir noch die Auswirkung der Luftreibung auf seine Beschleunigung diskutieren. Wir brauchen einen mathematischen Ausdruck, der die Beschleunigung des Fallschirmspringers als Funktion der Erdbeschleunigung g und der Variablen v, d und/oder t darstellt. Experimente weisen darauf hin, daß die verzögernde Reibungskraft ungefähr proportional zur Geschwindigkeit ist, wenn der Körper klein ist, sich langsam bewegt und die Änderung der Luftdichte gering ist (z.B. bei einem fallenden Nebeltröpfchen). Für einen großen, schnell bewegten Körper (wie unseren Fallschirmspringer) ist die Luftreibung allerdings ungefähr proportional zum Quadrat der Geschwindigkeit. Diese unterschiedlichen Abhängigkeiten erklären sich durch den bedeutend größeren Bremseffekt turbulenter Luftströmungen um einen schnellen, großen Körper, verglichen mit dem glatten Luftstrom um einen kleinen, langsamen Körper. Die den Fallschirmspringer hemmende Reibungskraft ist also gleich Kv^2, wobei K eine Proportionalitätskonstante ist, die von Größe und Form des bewegten Objekts und von der Viskosität des durchfallenen Mediums abhängt. Hat der fallende Körper die Masse m, so ist die Erdanziehungskraft mg; die Reibungskraft Kv^2 wirkt in entgegengesetzter Richtung, so daß die übrigbleibende nach unten gerichtete Kraft

$$F = mg - Kv^2 \tag{2-13}$$

ist. Mit dem Newtonschen Gesetz $a = F/m$ ist die nach unten gerichtete Beschleunigung des Fallschirmspringers $a = (mg - Kv^2)/m$ oder

$$a = g - (K/m)v^2 \tag{2-14}$$

Mit diesem Wissen erkennen Sie jetzt, wie der kurze Abschnitt am Anfang des Fallschirmprogramms in jeder Schleife $(K/m)v^2$ berechnet und von g subtahiert, um, wie oben gezeigt, einen neuen Wert für a zu erzeugen. Man sieht, daß mit steigendem v die Beschleunigung a immer kleiner wird, bis sie schließlich Null wird — was bedeutet, daß v sich nicht mehr ändert. Die Geschwindigkeit erreicht also einen Grenzwert, der so lange beibehalten wird, bis der Fallschirmspringer durch Änderung seiner Haltung den Verzögerungsfaktor K/m verändert.

Jetzt ist es an der Zeit, das Fallschirmprogramm mit geeigneten Werten des Verzögerungsfaktors K/m, der den Effekt der Luftreibung berücksichtigt, laufen zu lassen. Während der sogenannten Phase des Freien Falls, also bis zum Öffnen des Fallschirms, wird der Wert der Luftreibungskonstanten durch die Stellung der Arme, der Beine und des Kopfes des Fallschirmspringers sowie durch die Orientiertung seines Körpers im Raum bestimmt. Für einen gut ausgerüsteten Fallschirmspringer mittleren Gewichts liegt der Wert von K/m etwa zwischen 0,001 und 0,0035. Die Einheit ist 1/Meter.

Beispiel: Fallschirmspringer mit Reibung

Zahlenwerte: $g = 9{,}8$ $K/m = 0{,}003$ $\Delta t = 0{,}5$

Mit den obigen Werten für g, K/m und Δt und dem Wert Null für v_0 und d_0 erzeugt Ihr Rechner für die ersten drei Zeitintervalle die in den folgenden Gleichungspaaren links stehenden Werte (also die Werte rechts des „Ungefähr-Gleich-Zeichens''). Diese Werte kommen mittels einer **Pause**- oder **R/S**-Anweisung zur Anzeige, während die Werte rechts des Gleichheitszeichens nicht angezeigt werden. Sie sind aufgeführt, um den rechnerinternen Weg zu den angezeigten Ergebnissen zu verdeutlichen.

$$v_{1/2} \cong 2{,}450 = 0 + [9{,}8 - 0{,}003(0)^2]0{,}5/2$$
$$d_1 \cong 1{,}225 = 0 + (2{,}450)0{,}5$$

$$v_{3/2} \cong 7{,}341 = 2{,}450 + [9{,}8 - 0{,}003(2{,}450)^2]0{,}5$$
$$d_2 \cong 4{,}985 = 1{,}225 + (7{,}341)0{,}5$$

$$v_{5/2} \cong 12{,}160 = 7{,}341 + [9{,}8 - 0{,}003(7{,}341)^2]0{,}5$$
$$d_3 \cong 10{,}975 = 4{,}895 + (12{,}160)0{,}5$$

Sie sehen: was der Rechner macht, ist ganz einfach. Unter Beachtung des Musters der Gleichungen (2-12) und der Beziehung $a = g - (K/m)v^2$ könnten Sie die Rechnungen selbst mit einem Bleistift durchführen, wenn Sie die Zeit und Geduld dafür aufbringen würden.

Die durch das Programm mit den obigen Parametern erhaltenen Ergebnisse sind in Bild 2-4 dargestellt. Beachten Sie den zunächst steilen Anstieg der Geschwindigkeit, die sich dann bald dem Grenzwert von 57 m/s (über 200 km/h) nähert. Der Verlauf des zurückgelegten Wegs d (Entfernung vom Startpunkt, Fallstrecke) über der Zeit t ist zunächst fast parabolisch, wird aber mit der Annäherung von v an die Endgeschwindigkeit linear. Die Kreuze im $d(t)$-Diagramm stehen für die Ergebnisse der analytischen Methode. Für einige Werte von t wurde mit Hilfe des Ausdrucks

$$d = \frac{m}{K} \ln \left(\frac{e^{\sqrt{Kg/m}\,t} + e^{-\sqrt{Kg/m}\,t}}{2} \right) \qquad (2\text{-}15)$$

der sich nach komplizierter Rechnung als Ergebnis der Differentialgleichung für die Bewegung des Fallschirmspringers ergibt, bestimmt. Man sieht, daß die numerisch erhaltenen

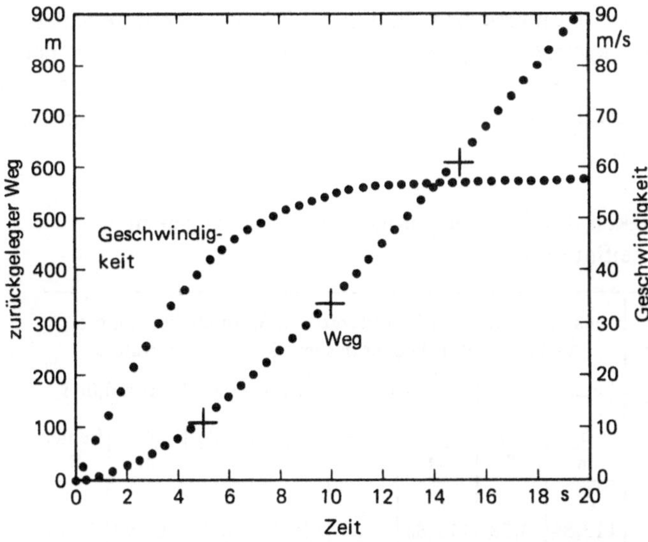

Bild 2-4 Zurückgelegter Weg und Geschwindigkeit des Fallschirmspringers mit $K/m = 0{,}003$ und $\Delta t = 0{,}5$ als Funktion der Zeit

d-Werte etwas größer sind als die exakten Ergebnisse der analytischen Methode. Der Fehler der numerischen Lösung beträgt 1,7 % bei $t = 5$, bei $t = 15$ sind es 1,3 %. Wie schon gesagt, kann der Fehler verkleinert werden, wenn man die Rechnung mit einem kleineren Δt-Wert durchführt. Mit $\Delta t = 0,25$ sinkt der Fehler z.B. auf 0,87 % bei $t = 5$. Je nach praktischer Notwendigkeit und Genauigkeit der vorliegenden Daten wird man einen mehr oder weniger großen Fehler in Kauf nehmen.

Die Gründe für das in Bild 2-4 erhaltene Bewegungsmuster sind leicht zu verstehen. In den ersten Sekunden des Falls spielt die Reibung wegen der kleinen Geschwindigkeit praktisch keine Rolle, und die auf den Fallschirmspringer wirkende Beschleunigung ist nahezu gleich der Erdbeschleunigung g. Deshalb ist zunächst wie im reibungsfreien Fall der zurückgelegte Weg fast proportional zum Quadrat der verstrichenen Zeit. Mit dieser großen Beschleunigung steigt die Geschwindigkeit jedoch schnell an. Die Luftreibung wächst sogar noch schneller, nämlich propotional zum Quadrat der Geschwindigkeit. Da die Luftreibungskraft der Erdanziehungskraft entgegengerichtet ist, wird die wirksame beschleunigende Kraft (der Betrag, um den die Erdanziehungskraft größer als die Luftreibungskraft ist) immer kleiner. Schließlich wird die nach oben gerichtete Reibungskraft genauso groß wie die nach unten gerichtete Erdanziehungskraft, die wirksame beschleunigende Kraft wird somit Null und die Geschwindigkeit wächst nicht mehr weiter an. Übrigens liegen gute Bedingungen für Steuermanöver mit dem Körper erst dann vor, wenn die Reibung bei höheren Geschwindigkeiten eine größere Rolle spielt — ebenso wie ein Boot sich im Wasser fortbewegen muß, um lenkbar zu sein.

Genauigkeit der Rechnung

Zahlenwerte: $g = 9,8$ $K/m = 0,003$ Δt : verschiedene Werte zwischen 1,0 und 0,005

Wir wollen hier die Auswirkung von verschiedenen Werten des Zeitintervalls Δt auf die Genauigkeit der Ergebnisse untersuchen. In Tabelle 2-3 ist in Zeitintervallen von 5 s der jeweilige Wert des zurückgelegten Wegs aufgeführt, der mit dem Programm bei Durchläufen mit dem gleichen K/m wie im vorigen Beispiel für verschiedene Δt-Werte erhalten wurde. Diese numerisch berechneten Werte werden mit den exakten Ergebnissen nach Gleichung (2-15) verglichen.

Tabelle 2-3 Genauigkeit des Fallschirmprogramms in Abhängigkeit von der Größe des Zeitintervalls Δt

| Zeit | zurückgelegter Weg, berechnet nach der analytischen Methode | nach der numerischen (iterativen) Methode berechneter zurückgelegter Weg für das jeweilige Zeitintervall Δt | | | | | | | |
| | | $\Delta t = 1,0$ | | $\Delta t = 0,5$ | | $\Delta t = 0,05$ | | $\Delta t = 0,005$ | |
$\dfrac{t}{s}$	$\dfrac{d}{m}$	$\dfrac{d}{m}$	Fehler %	$\dfrac{d}{m}$	Fehler %	$\dfrac{d}{m}$	Fehler %	$\dfrac{d}{m}$	Fehler %
0	0	0		0		0		0	
5	109,904	113,84	3,58	111,85	1,77	110,10	0,18	109,92	0,017
10	351,131	363,83	3,62	257,30	1,76	351,73	0,17	351,19	0,017
15	628,211	644,71	2,63	646,33	1,29	629,01	0,13	628,29	0,012
20	912,396	929,87	1,92	921,06	0,95	913,25	0,09	912,48	0,009

Der prozentuale Fehler stellt die Differenz zwischen dem numerischen und analytischen Ergebnis in Prozent dieser analytischen Lösung dar. Beachten Sie, daß durch Halbierung von Δt von 1,0 auf 0,5 der prozentuale Fehler auch ungefähr halbiert wird; Verkleinerung von Δt um den Faktor 10, wie von 0,5 auf 0,05, verkleinert auch den Fehler ungefähr um den Faktor 10. Das ist bei der numerischen Methode allgemein so, wenn man bis auf einige Prozent an die wahren Werte herangekommen ist. Im vorliegenden Fall, wo K/m höchstens bis auf ein Prozent genau bekannt ist, bringt eine Rechenprozedur, die eine größere Genauigkeit hat, keinen Vorteil. Wichtig ist, daß in jedem Fall die erforderliche Rechengenauigkeit durch die Wahl eines ausreichend kleinen Δt erreicht werden kann, daß aber auch ein unnötig kleines Δt die Zahl der Rechenschritte und somit die Laufzeit des Programms unnötig vergrößert.

2.5 Fall mit hoher Geschwindigkeit in Delta- oder Y-Stellung

Die Luftreibungskonstante $K/m = 0,001$ liegt nahe bei dem kleinsten Wert, der in der unteren Atmosphäre von einem durchschnittlich schweren und normal ausgerüsteten Fallschirmspringer erreicht werden kann. Die kleinsten Werte werden erzielt, wenn der Fallschirmspringer mit dem Kopf nach unten entweder in Delta- oder in Y-Stellung fällt. Bei der Delta-Stellung werden beide Arme und Beine gestreckt. Die Beine sind gespreizt und auch die Arme zeigen vom Körper weg, so daß sich die Hände auf Taillen- oder Hüfthöhe befinden. Der Körper ist leicht durchgebogen, um die Stabilität zu erhöhen; außerdem kann so der Grad des horizontalen Vorwärtsgleitens bestimmt werden. Durch Anlegen der Arme und näheres Zusammenbringen der Beine kann die Geschwindigkeit erhöht werden.

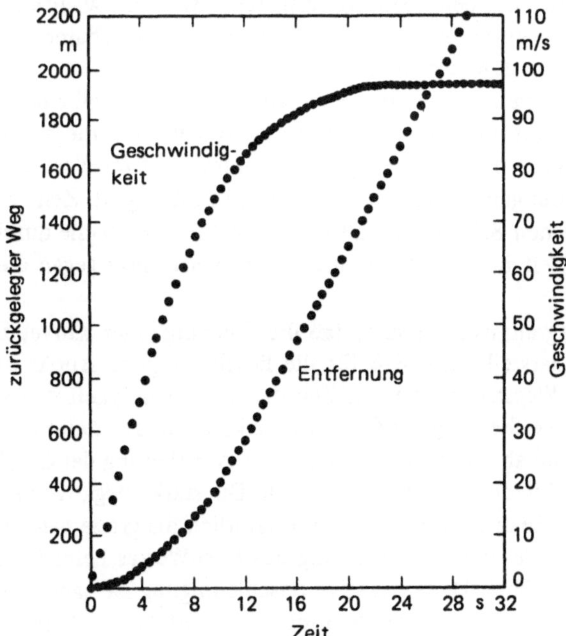

Bild 2-5

Zurückgelegter Weg und Geschwindigkeit des Fallschirmspringers mit $K/m = 0,001$ und $\Delta t = 0,5$ als Funktion der Zeit

Bei der Y-Stellung sind nur die Beine gespreizt, die Arme werden an die Seite gelegt oder auf der Brust gekreuzt. In dieser Stellung ist der Körper nicht durchgebogen und fällt in senkrechter Stellung ohne vorwärts zu gleiten. Der Fallschirmspringer nimmt dabei eine Fläche in Bewegungsrichtung von weniger als 0,2 m² ein, verglichen mit fast 1 m² in der horizontalen Grundstellung mit abgespreizten Armen und Beinen.

Bild 2-5 zeigt die Geschwindigkeit und den Weg eines Fallschirmspringers mit $K/m = 0{,}001$ für die Anfangszeit des Sprungs bis die Endgeschwindigkeit erreicht wird. Sie sehen, daß diese Kurven dem gleichen Grundmuster folgen wie die des Fallschirmspringers mit $K/m = 0{,}003$ in Bild 2-4. Der Unterschied liegt darin, daß jetzt die Endgeschwindigkeit viel größer ist und erst nach etwa doppelt so langer Zeit erreicht wird. Diese Geschwindigkeit beträgt etwa 99 m/s oder 356 km/h und es vergehen 25 Sekunden, bis dieser Wert zu 99 % erreicht wird.

2.6 Fall mit Änderung der Luftreibung einschließlich Öffnen des Fallschirms

Zahlenwerte:

bei Zeiten	$0 \leqslant t < 30$:	$g = 9{,}8$	$K/m = 0{,}001$	$\Delta t = 0{,}5$
bei Zeiten	$30 \leqslant t < 40$:	$g = 9{,}8$	$K/m = 0{,}035$	$\Delta t = 0{,}5$
bei Zeiten	$t \geqslant 40$:	$g = 9{,}8$	$K/m = 0{,}3$	$\Delta t = 0{,}01$

Die Faszination des sportlichen Fallschirmspringens liegt in der Möglichkeit, die horizontale Bewegung und die Fallgeschwindigkeit durch eine entsprechende Stellung und Orientierung des Körpers zu beeinflussen. Der Reiz und die Befriedigung, die zwei oder mehr Springer im Freien Fall erleben, indem sie sich durch Steuermanöver einander nähern, sich festhalten, sich überholen oder ihren Fall verzögern, um überholt zu werden, ist unvergleichlich. Für die Planung des Zeitablaufs und der durchzuführenden Steuermanöver sind Höhenmesser und Stoppuhr, die beim Sprung mitgeführt werden, wichtige Hilfsmittel, die zusammen mit im voraus durch beispielsweise einen programmierbaren Rechner erstellten Tabellen und Diagrammen gute Dienste leisten.

Das mit den obigen K/m-Werten angedeutete Programm ahmt den Fall eines Springers nach, der zunächst — vielleicht um einen Partner zu überholen — in die Y-Stellung geht. Nach 30 Sekunden bringt er den damit verbundenen minimalen K/m-Wert plötzlich auf ein Maximum, indem er zu der ganz gespreizten Kreuzstellung übergeht. Zehn Sekunden später öffnet er einen typischen 8,5-m-Sportfallschirm. In Bild 2-6 ist die durch den Rechner erhaltene Geschwindigkeit und die Entfernung vom Startpunkt gegen die Zeit aufgetragen.

Zur Interpretation des Diagramms sei gesagt, daß die Steigung einer Kurve, die die Geschwindigkeit über der Zeit darstellt, ein Maß für die Beschleunigung $\Delta v/\Delta t$ ist und daß der Anstieg einer Kurve der Wegstrecke über der Zeit die Geschwindigkeit $\Delta d/\Delta t$ darstellt. Die Beschleunigung (oder die Steigung der Geschwindigkeitskurve) ist also zunächst groß und positiv, nimmt dann bald ab und nähert sich mit der Annäherung der Geschwindigkeit an die maximale Endgeschwindigkeit dem Wert Null. Die starke negative Steigung (der Abfall), die plötzlich bei 30 Sekunden eintritt, stellt natürlich die große negative Beschleunigung (Verzögerung) dar, die von der Erhöhung des K/m-Wertes beim Übergang von der Y- zur Kreuzstellung herrührt. Diese negative Beschleunigung ist nach oben gerichtet (wir hatten ja die nach unten gerichtete als positiv betrachtet) und tritt deshalb auf, weil die nach oben gerichtete Reibungskraft plötzlich größer als die Erdanziehungskraft ist. Mit der Verminderung der Geschwindigkeit nimmt jedoch auch die Reibungskraft Kv^2 ab, so daß Kv^2 sich der Erdanziehungskraft mg nähert (siehe Gleichung 2-13) und die Geschwindigkeit einem neuen, kleineren Grenzwert (für $K/m = 0,0035$ etwa 53 m/s) zustrebt. Bei 40 Sekunden folgt durch das Öffnen des Fallschirms und dem damit verbundenen noch stärkeren Anwachsen von K/m eine sehr große negative Beschleunigung, die mit Erreichen der unteren Grenzgeschwindigkeit mit 5,7 m/s schnell Null wird.

Theoretisch sollte bei einer Änderung von K/m, die eine abrupte Beschleunigungsänderung am Ende des einen bzw. am Anfang des folgenden Zeitintervalls hervorruft, ein gesonderter Geschwindigkeitswert für diesen Zeitpunkt berechnet werden (die normal berechneten Geschwindigkeitswert gelten ja für die Mittelpunkte der Zeitintervalle), von dem aus man durch Addition von $1/2\ a\,\Delta t$ wieder auf den Mittelpunktswert des folgenden Intervalls käme. Obwohl diese Verfeinerung des Programms mit der verfügbaren Zahl von Programmschritten möglich wäre, erweist sie sich als überflüssig, wenn Δt klein genug gewählt wird.

Beachten Sie in Bild 2-6, daß die Steigung der Entfernungskurve überall der momentanen Geschwindigkeit entspricht ($\Delta d/\Delta t$ ist gleich der Geschwindigkeit). Die Entfernung nimmt fortlaufend zu, bei kleineren Geschwindigkeiten allerdings langsamer, denn die aufwärts gerichtete Reibungskraft überwiegt die Erdanziehungskraft natürlich nie so lange, als daß die Bewegungsrichtung des Fallschirmspringers umgekehrt werden könnte. Dieser letzte, scheinbar selbstverständliche Gesichtspunkt steht in Beziehung zu einem interessanten Merkmal der Art und Weise, wie das Programm benutzt wurde, um eine vertrauens-

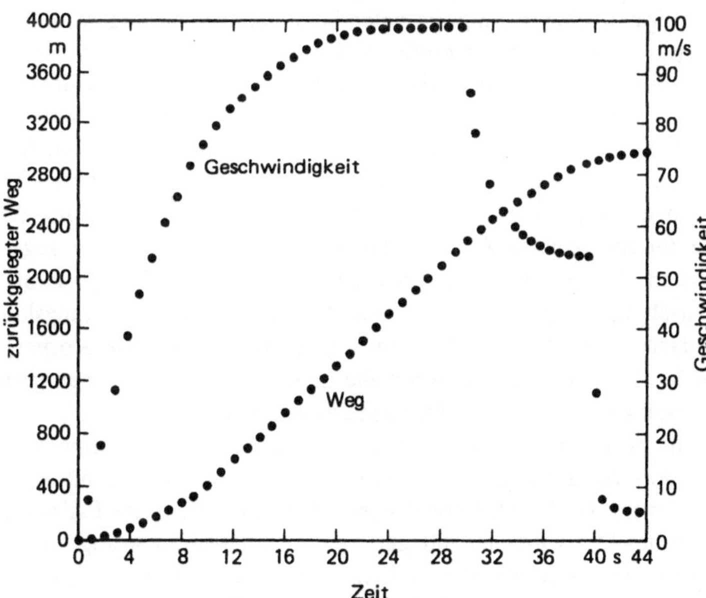

Bild 2-6 Zurückgelegter Weg und Geschwindigkeit als Funktion der Zeit für einen Fallschirmspringer, dessen K/m sich von 0,001 über 0,0035 auf 0,3 ändert

würdige Beschreibung des Fallschirmabsprungs zu erhalten. Die anfänglich gespeicherten Konstanten waren $g = 9,8$, $K/m = 0,001$ und $\Delta t = 0,5$. Als der Rechner dann zur Anzeige des d-Wertes bei $t = 30$ angehalten war, wurde der Wert von K/m in Register 1 zum ersten Mal geändert. Die zweite Änderung geschah, als der d-Wert zu $t = 40$ angezeigt wurde. Als neuer Wert für K/m wurde 0,3 gespeichert, aber auch der Wert von Δt in Register 2 wurde von 0,5 auf 0,01 (also auf eine hundertstel Sekunde) geändert. Es ist interessant, warum es nötig war, das Zeitintervall so zu verkürzen, und was ohne diese Änderung von Δt herausgekommen wäre.

Sie erinnern sich, daß die Reibungskraft proportional zu v^2 ist. Weiterhin erfährt der Fallschirmspringer beim Öffnen des Schirms zunächst eine resultierende Kraft, die nach oben gerichtet ist. Im vorliegenden Fall wird diese aufwärts gerichtete (oder negative) Kraft $F = mg - Kv^2$ und damit die entsprechende nach oben gerichtete Beschleunigung erst dann Null, wenn die Geschwindigkeit auf den unteren Grenzwert von etwa 5,7 m/s abgebremst worden ist. Jetzt sind Reibungskraft und Erdanziehungskraft gleich groß (aber einander entgegengerichtet). Da die Geschwindigkeit zum Zeitpunkt der Entfaltung des Schirms etwa 9,3 mal so groß wie die Gleichgewichtsgeschwindigkeit von 5,7 m/s ist, ist die momentane Reibungskraft beim Öffnen des Schirms plötzlich $9,2^2$ (etwa 86) mal so groß wie die Erdanziehungskraft. Die resultierende nach oben gerichtete Kraft (etwa 85 mal so groß wie die auf den Fallschirmspringer wirkende Erdanziehungskraft) würde so eine nach oben gerichtete Beschleunigung erzeugen, die, obwohl sie schnell zeitlich abnimmt, einen Anfangswert von $85\,g$ oder $(85 \cdot 9,8)$ m/s hätte! (Zum Glück des Fallschirmspringers bleibt die maximale Bremsbeschleunigung beträchtlich unter diesem Wert, da die Entfaltung des Fallschirms nicht plötzlich erfolgt sondern eine gewisse Zeit dauert und da die Form des Schirms variabel ist und seine Seile elastisch sind). Würde man die nächste Geschwindigkeitsänderung Δv und die Geschwindigkeit v so berechnen, als ob die obige Beschleunigung die halbe Sekunde nach Öffnen des Fallschirms charakterisieren würde, beginge man einen großen Fehler. Würde man nämlich den Δt-Wert von 0,5 nicht ändern, würde das Programm für das nächste Zeitintervall eine Geschwindigkeitsänderung $(\Delta v = a \cdot \Delta t)$ von $(-85 \cdot 9,8) \cdot 0,5 = -420$ m/s berechnen! Die nach unten gerichtete Geschwindigkeit von etwa 53 m/s in der Mitte des vorhergehenden Intervalls würde durch diese Änderung in der Mitte des neuen Intervalls einen viel größeren, Wert erhalten und wäre nach oben gerichtet. Damit wäre aber auch die Ortsänderung Δd nach oben gerichtet. Die für das nächste Zeitintervall berechneten Werte wären sogar noch schlimmer: Auf Grund der größeren Geschwindigkeit würde die Reibungskraft noch größer, wäre aber nach unten gerichtet und müßte daher zur Erdanziehungskraft mg *addiert* werden — dazu aber ist das Fallschirmprogramm (für fallende Körper) nicht gerüstet. So würden für die folgenden Zeitintervalle immer größere nach oben gerichtete Beschleunigungen, Geschwindigkeiten und Ortsänderungen berechnet werden.

Wir möchten Sie ermutigen, dieses Beispiel sowohl mit als auch ohne die vorgeschlagene Änderung von Δt selbst auszuprobieren. Ein weiteres interessantes Ergebnis liefert das Programm, wenn bei $t = 40$ (wobei $K/m = 0,3$ das Öffnen des Fallschirms anzeigt) für Δt ein Wert gewählt wird, der mit der Geschwindigkeitsänderung im nächsten Zeitintervall nicht zu einem negativen Wert führt, sondern eine Geschwindigkeit kleiner als die Endgeschwindigkeit mit offenem Fallschirm ergibt. Ein solcher Wert wäre z.B. $\Delta t = 0,06$. Sie bekommen einen tieferen Einblick in die Arbeitsweise der numerischen Methode und ein besseres Gefühl für Ihre Fähigkeiten und Grenzen, wenn Sie diese

Art von Studien selbst durchführen. Sie brauchen dabei nicht immer wieder von $t = 0$ zu beginnen und abzuwarten, bis das Programm bei $t = 40$ angelangt ist. Statt dessen können Sie die ursprünglich für $t = 40$ erhaltenen Werte von d, v und t wieder speichern und mit dem neuen Δt fortfahren, dessen Auswirkung Sie studieren möchten. Auch möchten Sie vielleicht bei kleinem Δt das Programm so abändern, daß nicht bei jeder Schleife die Ergebnisse angezeigt werden, sondern nur beispielsweise für Abstände von einer halben Sekunde. Wollen Sie andererseits das Ergebnis jedes einzelnen Rechenschritts sehen, können Sie, anstatt das Programm mit **R/S** zu starten, wiederholt **SST** drücken.

3 Raketen

Im zweiten Kapitel haben wir eine numerische Methode zur Berechnung des reibungsfreien Falles sowie des Falles mit einer Reibung, die proportional zum Quadrat der Geschwindigkeit ist, entwickelt. Wir haben auch gesehen, wie dieses Iterationsverfahren auf dem programmierbaren Taschenrechner durchgeführt werden kann. Dieselbe, leicht erweiterte Methode wird in diesem Kapitel benutzt, um die Bewegung einer senkrecht nach oben abgefeuerten Rakete zu analysieren.

Wir werden zunächst kurz das Prinzip eines Raketenantriebs untersuchen und eine Gleichung für die Bewegung eines senkrechten Raketenaufstiegs nahe der Erdoberfläche ableiten. Dann werden wir diese Gleichung bei der Programmierung des Rechners anwenden, damit er zeitabhängige Werte für die Geschwindigkeit und die Höhe über der Erdoberfläche sowohl von ein- als auch von zweistufigen Raketenmodellen liefert. Wir werden uns nicht mit Raketenflügen in großen Höhen, wo die abnehmende Dichte der Atmosphäre berücksichtigt werden muß, beschäftigen. Erst im letzten Kapitel berechnen wir die Umlaufbewegung von Satelliten außerhalb der Erdatmosphäre für sehr unterschiedliche Entfernungen von der Erdoberfläche.

Das Prinzip von Kraft und Gegenkraft (actio und reactio), nach dem Raketentriebwerke arbeiten, ist in keiner Weise neu. Der Tintenfisch benutzt es für schnelle Fluchtmanöver und schon im elften Jahrhundert wurden in China Schwarzpulverraketen gebaut, die sich in den beiden nächsten Jahrhunderten über ganz Asien bis nach Europa verbreiteten. In allen folgenden Jahrhunderten fanden Raketen breite Anwendung als Waffen, als Feuerwerkskörper und für Signalzwecke beispielsweise bei Seerettungsunternehmen. Im gegenwärtigen Jahrhundert wird die Rakete als Antriebsmittel benutzt, um bemannte oder unbemannte Flugkörper in die Atmosphäre und darüber hinaus zu schießen oder um sie auf den Mond oder andere Planeten zu bringen. Trotzdem wird das Raketenprinzip oft nur schlecht verstanden oder völlig mißverstanden — daher soll zunächst der Ratenantrieb erläutert werden.

Zuerst ist es wichtig, sich klar zu machen, daß jede Kraft von irgend etwas aufgebracht wird und auf irgend etwas wirkt. So wird beispielsweise die unterstützende Kraft, die vermutlich im Moment auf Sie wirkt, von dem Stuhl unter Ihnen aufgebracht: Diese Kraft wird vom Stuhl auf Sie ausgeübt, und zwar nach *oben* mit einem Betrag, der gleich Ihrem Gewicht ist. Zweitens gibt es ein allgemeines Prinzip von Kraft und Gegenkraft (drittes Newtonsches Gesetz), das in der physikalischen Welt durchweg wirksam ist:

Übt ein Körper A eine Kraft auf einen anderen Körper B aus, so übt gleichzeitig Körper B auf Körper A eine gleichgroße, entgegengesetzte Kraft aus.

Also bewirken Sie auch eine Kraft nach unten auf den Stuhl mit dem Betrag Ihres Gewichtes.

Weiter ist die Kraft F, die einem Körper der Masse m die Beschleunigung $a = F/m$ (Newtonsches Bewegungsgesetz) erteilt, die resultierende Kraft all der Kräfte, die von anderen Objekten auf diesen Körper einwirken. Dies bedeutet, daß das Triebwerk der

Rakete sich nicht selbst vorwärts treibt und so die Rakete beschleunigt, genausowenig, wie der Motor die direkte Ursache für die Beschleunigung eines Autos ist. Im Fall des Autos übt die Straßenoberfläche eine Kraft aus, die die Antriebsräder des Autos vorwärts treibt und zwar in Erwiderung (Kraft — Gegenkraft) der rückwärts gerichteten Kraft dieser Räder auf die Straßenoberfläche. Im Fall der Rakete bewirken die von dem Triebwerk mit großer Wucht nach hinten ausgestoßenen Gase nach dem Gesetz von Kraft und Gegenkraft einen vorwärts gerichteten Schub gleicher Größe auf die Rakete. Der von Modellraketen entwickelte Schub ist allgemein nicht über die gesamte Brennzeit des Antriebsaggregats konstant. Bild 3-1 verdeutlicht dies an Hand von Schub-Zeit-Kurven verschiedener Modellraketen*. Obwohl der Schub also nicht zeitlich konstant bleibt, kann man die Leistung einer Rakete ganz gut berechnen, wenn man mit dem Mittelwert des Schubs und der Schubdauer arbeitet. Manchmal ist in den Tabellen der Triebwerksdaten statt eines mittleren Schubs der Wert des Gesamtimpulses angegeben. Da der Gesamtimpuls das Produkt von mittlerem Schub und Schubdauer darstellt, erhält man den mittleren Schub einfach durch Division durch die Schubdauer.

Im Fall des Fallschirmspringers setzte sich die beschleunigende Kraft aus zwei Komponenten zusammen: der Erdanziehungskraft (in Bewegungsrichtung) und der Reibungskraft (entgegen der Bewegungsrichtung). Für eine senkrecht nach oben abgefeuerte Rakete setzt sich die resultierende Kraft F jedoch aus drei Komponenten zusammen: Während

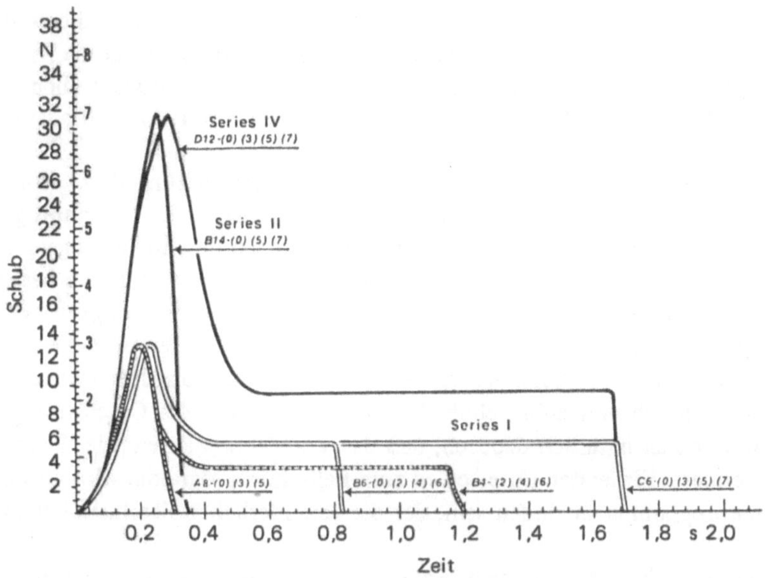

Bild 3-1 Schub in Abhängigkeit von der Zeit für verschiedene Modellraketen–Triebwerke

---

* Anmerkung des Übersetzers: die beispielhaften Anwendungen des Programms orientieren sich in diesem Kapitel an technischen Daten von amerikanischen Modellraketen.

der Aufwärtsbewegung der Rakete haben die Erdanziehungskraft mg und die Reibungskraft Kv^2 die gleiche Richtung, nämlich nach unten, der Bewegungsrichtung entgegengesetzt. Die einzige Komponente der resultierenden Kraft in Bewegungsrichtung ist der Schub T. Für den Raketenflug nach oben wird die resultierende Kraft also durch die Gleichung

$$F = T - mg - Kv^2 \tag{3-1}$$

gegeben. Die Beschleunigung $a = F/m$ ist daher $a = (T - mg - Kv^2)/m$ oder

$$a = (T/m) - g - (K/m)v^2 \tag{3-2}$$

Die aerodynamische Verzögerungskraft Kv^2 hängt offensichtlich sowohl von K als auch von v ab. Zur Berechnung von Raketenflügen brauchen wir ein etwas besseres Verständnis von K, als es für das Fallschirmspringerprogramm notwendig war. Es erscheint vernünftig anzunehmen, daß K für eine Rakete nicht nur von deren Größe und Form abhängt, sondern auch von einem Charakteristikum der Luft, durch die sie sich bewegt. Diese Abhängigkeit wird ausgedrückt durch die Gleichung

$$K = \frac{1}{2} \cdot A\, C_D\, \rho, \tag{3-3}$$

wobei A ist die Querschnittsfläche des zylindrischen Raketenkörpers, $A = \pi r^2$ mit r als Radius ist. Diese Größe wird in m^2 angegeben. C_D ist ein Koeffizient, der die Auswirkungen der Form und Oberflächenbeschaffenheit der Rakete sowie ihre Orientierung beim Flug berücksichtigt. Für gut entworfene Modellraketen liegt dieser dimensionsloser Wert bei etwa 0,75. Der griechische Buchstabe ρ (rho) steht für die Dichte der Luft, deren Wert von der Höhe, der Temperatur und der Luftfeuchtigkeit abhängt. Wir werden mit $\rho = 1{,}266$ kg/m^3 arbeiten. Aus den Dimensionen von A, C_D und ρ ist ersichtlich, daß K die Einheit kg/m hat.

Mit Gleichung (3-2) für die Beschleunigung der Rakete im Hinterkopf wollen wir uns jetzt noch einmal die in dem kurzen Abschnitt am Anfang des Fallschirmprogramms durchgeführte Berechnung und Handhabung der veränderlichen Beschleunigung vor Augen führen. In diesem Programm war die Beschleunigung $a = g - Kv^2/m$ für eine bestimmte Stellung des Fallschirmspringers nur wegen des Einflusses der Geschwindigkeit veränderlich, da g, m und K konstant waren. Mit Gleichung (3-2) sieht man, daß die Raketenbeschleunigung während des Aufstiegs zur maximalen Höhe von drei veränderlichen Größen abhängt, nämlich von dem Schub T, der Masse m und der Geschwindigkeit v. Die Masse verändert sich natürlich dadurch, daß das Triebwerk während der Schubphase Gase hinausschleudert. Ein erster Unterschied zum Fallschirmprogramm wird also in dem Teil des Raketenprogramms zu finden sein, der die veränderlichen Beschleunigungswerte berechnet.

Wir haben zu diesem Kapitel zwei Raketenprogramme entworfen. Das erste kann sowohl auf ein- als auch auf mehrstufige Modellraketen angewendet werden und zeigt Geschwindigkeit und Höhe für jedes Zeitintervall an. Es gilt vom Abheben der Rakete über das Ende der Schubphase einer jeden Stufe bis zum Erreichen der maximalen Höhe, mit deren Anzeige das Programm endet. Mit dem zweiten Programm können Raketen mit beliebiger Stufenzahl behandelt werden. In seiner Ausgangsform zeigt es die Geschwindigkeit, die Höhe und die verstrichene Zeit jeweils dann an, wenn eine Raketenstufe ausgebrannt ist und außerdem die Maximalhöhe und die zu ihrem Erreichen benötigte Zeit.

3.1 Raketenprogramm für zweistufige Raketen

Die begrenzte Programm- und Speicherkapazität des Rechners wird am besten ausgenutzt, wenn man die für jede Schubperiode unterschiedlichen Mittelwerte des Schubs T und der Masse m dadurch berücksichtigt, daß man für jede Schubperiode einen Mittelwert des Verhältnisses von Schub zu Masse, T/m, speichert und benutzt, statt die unterschiedlichen T- und m-Werte getrennt zu speichern. Die begrenzte Speicherkapazität erlaubt auch nur einen einzigen Luftreibungsfaktor K/m für alle Schubphasen. Da jedoch, solange das Aggregat brennt, der Ausdruck Kv^2 klein ist verglichen mit T und da die Brennperioden gewöhnlich deutlich kürzer sind als die Dauer der antriebslosen Phase, ergibt die Verwendung des Wertes K/m_3 (m_3 ist die Raketenmasse nach Abbrennen der letzten Stufe) für alle Zeitabschnitte eine sehr gute Näherung.

Wie in den vorherigen Kapiteln geben wir Ihnen in den Programmtabellen für jeden der beiden Rechnertypen Hinweise zum Betrieb des Programms. Auf die vollständige Erklärung dessen, was der Rechner in den einzelnen Programmschritten tut, wollen wir hier verzichten, weil hier im wesentlichen nur Kombinationen dessen vorkommen, was Sie in den beiden vorigen Programmen schon beobachtet haben, und weil Sie jetzt die Programmtabelle mit ihrer Kommentarspalte besser verstehen.

Im folgenden Flußdiagramm (Bild 3-2) erkennen Sie, daß die numerische Methode ganz ähnlich wie im Fallschirmprogramm angewendet wird, abgesehen von Abweichungen in der Berechnung der Beschleunigung a und von der Maßnahme zur Überprüfung, ob die

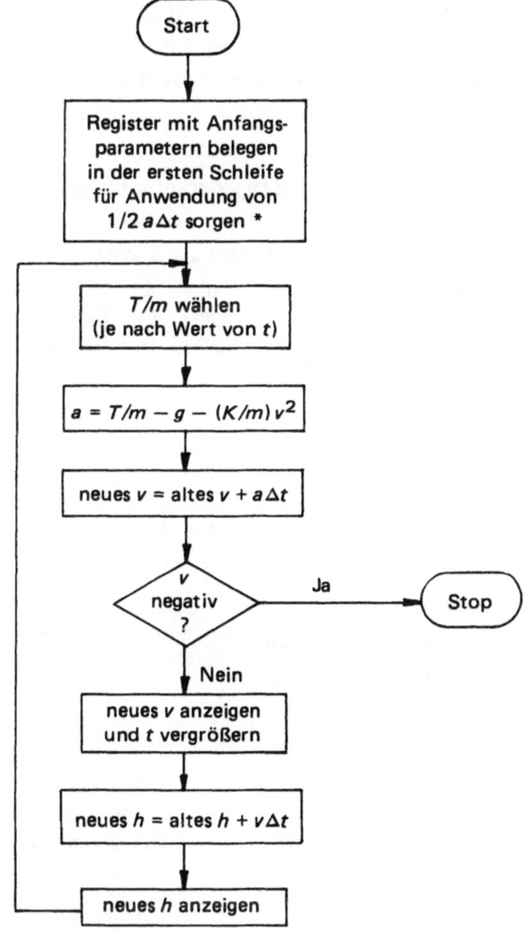

* Für HP-Rechner: Späterer Test ($t = 0$) identifiziert die erste Schleife zur Einfügung des Faktors 1/2.

Bild 3-2 Flußdiagramm für das Raketenprogramm

Geschwindigkeit negativ (d. h.) abwärts gerichtet geworden ist, was auf die Erreichung der Maximalhöhe hinweisen würde. In diesem Fall würde das Programm mit der Anzeige bzw. der Bereitschaft zur Anzeige der letzten Höhe enden, für die die Geschwindigkeit noch positiv war.

Mit Hilfe einiger Bemerkungen, der Unterstützung durch die Kommentare und mit dem Wissen um die Funktionsweise der vorherigen Programme sollten Sie nun den Programmablauf an Hand der Programmtabelle verstehen können. Beachten Sie zum Verständnis der Bedeutung einzelner Programmschritte und -teile die Belegung der Speicherregister, wie sie über der Programmtabelle angegeben ist und behalten Sie im Gedächtnis, daß der Ausdruck für die Raketenbeschleunigung $a = T/m - g - Kv^2/m$ lautet. Die Großbuchstaben T_1 und T_2 bezeichnen Schubwerte, während die kleinen Buchstaben t_1 und t_2 für die Schubdauer stehen, t_1 für die erste Stufe und t_2 für die erste und die zweite zusammen.

3.1.1 Raketenprogramm für den TI-57

Löschen Sie den Rechner durch Aus- und Einschalten, drücken Sie **LRN** und tasten Sie die in Tabelle 3-1 angegebenen Tastenfolge des Programms ein. Beachten Sie, daß der Rechner nach Eingabe von Schritt 49 automatisch in den Rechenmodus umschaltet.

Tabelle 3-1 Raketenprogramm für den TI-57

Registerinhalte und Belegen der Register

Register	0	1	2	3	4	5	6	7
Inhalt	T_1/m_1	t_1	T_2/m_2	t_2	v	h	K/m_3	t
Belegung	T_1/m_1	t_1	T_2/m_2	t_2	0	0	K/m_3	0,0001

oder andere
Werte

Anzeige:	v, h nacheinander für jede Schleife
Ende mit:	Blinken der Anzeige (wenn bei $\sqrt{x}$ $v < 0$).
Abruf von:	h_{max} und t_{max}, blinkende Anzeige durch CE beenden; h_{max} mit RCL 5, t_{max} mit RCL 7 abrufen
Zur Beachtung:	Änderung von Δt in Schritt 25–27 und 35–37 möglich

Programm

Schritt	Code	Taste	Kommentar
00	02	2	2
01	25	1/x	1/2
02	55	×	
03	43	(	
04	86 1	2nd Lbl 1	
05	33 3	RCL 3	t_2
06	− 76	INV 2nd $x \geqslant t$	Test ob $t > t_2$
07	51 2	GTO 2	
08	33 1	RCL 1	t_1
09	− 76	INV 2nd $x \geqslant t$	Test ob $t > t_1$
10	51 3	GTO 3	
11	33 0	RCL 0	T_1/m_1

Schritt	Code	Taste	Kommentar
12	86 4	2nd Lbl 4	
13	65	−	
14	09	9	9
15	83	.	9,
16	08	8	9,8
17	01	1	9,81 = g
18	65	−	
19	33 6	RCL 6	K/m_3
20	55	×	
21	33 4	RCL 4	v
22	23	x^2	v^2
23	85	=	$(1/2)\,a$
24	55	×	
25	83	.	,
26	00	0	,0
27	02	2	,02 = Δt
28	85	=	$(1/2)\,a\Delta t = \Delta v$
29	34 4	SUM 4	v vergrößert
30	33 4	RCL 4	v
31	24	$\sqrt{x}$	$\sqrt{v}$, Test ob $v < 0$
32	23	x^2	v
33	36	2nd Pause	v angezeigt
34	55	×	
35	83	.	,
36	00	0	,0
37	02	2	,02 = Δt
38	34 7	SUM 7	t vergrößert
39	85	=	$v\Delta t = \Delta h$
40	34 5	SUM 5	h vergrößert
41	33 5	RCL 5	h
42	36	2nd Pause	h angezeigt
43	51 1	GTO 1	zu Schleife ohne 1/2
44	86 2	2nd Lbl 2	
45	00	0	0
46	51 4	GTO 4	Schleifenfortsetzung
47	86 3	2nd Lbl 3	
48	33 2	RCL 2	T_2/m_2
49	51 4	GTO 4	Schleifenfortsetzung

Zu der in Schritt 06 und 09 erscheinenden Anweisung **INV 2nd x $\geq$ t** sollten einige Bemerkungen gemacht werden. Durch **INV** wird die Testfrage zu: „ist x $<$ t?" oder, was das gleiche bedeutet: „ist t $>$ x?". Das t- oder Testregister des TI-57 ist Register 7, das zur Speicherung der Flugzeit benutzt wird. Die in Schritt 06 gestellte Testfrage ist somit die, ob der Wert der seit dem Start verstrichenen Zeit in Register 7 größer ist als die Zeit t_2 (die Summe der beiden Brenndauern) im Anzeigeregister. Im Falle einer positiven Antwort (ja) wäre die Rakete in der antriebslosen Phase mit $T/m = 0$. Schritt 09, der nur im Falle der verneinenden Antwort erreicht wird, fragt, ob die seit dem Start vergangene Zeit größer als die Brenndauer der ersten Stufe, t_1, ist. Hier bedeutet eine positive Antwort, daß die zweite Stufe brennt und der Wert T/m gleich T_2/m_2 ist; die negative Antwort sagt natürlich, daß die erste Stufe noch brennt und somit der Wert T_1/m_1 Gültigkeit hat. (Die Testfrage t ≥ x wäre in den Schritten 06 und 09 eigentlich vorzuziehen, aber bei ihrer Anwendung muß man zweimal die Inhalte von Test- und Anzeigeregister wechseln und dafür stehen nicht genügend Programmschritte zur Verfügung. Die Folge davon ist, daß das Programm den Schub für ein weiteres Zeitintervall Δt über t_1 und t_2 hinaus fortschreibt, wenn diese ganzzahlige Vielfache von Δt sind. Die Auswirkungen auf die berechnete Resultate sind klein und können vernachlässigt werde.)

Der eingeklammerte Faktor 1/2 im Kommentar zu Schritt 23 und 28 weist darauf hin, daß er sich wie im Fallschirmprogramm nur auf die erste Schleife bezieht. Die Wurzeloperation in Schritt 31 wird zur Überprüfung von v auf einen negativen Wert, der das Erreichen der Maximalhöhe bedeutet, benutzt. Die in diesem Fall nicht erlaubte Wurzeloperation stoppt das Programm und erzeugt ein Blinken der Anzeige. Die maximale Flughöhe der Rakete und die zu ihrem Erreichen benötigte Zeit kann dann durch Drücken von **CE** und **RCL 5** bzw. **RCL 7** abgerufen werden.

Um das Programm laufen lassen zu können, benötigen Sie noch die Werte für T/m, t und K/m, um sie, wie über der Programmtabelle angegeben, abspeichern zu können. In den folgenden Beispielen werden diese Werte und ihre Berechnung aus den technischen Daten einer Rakete angegeben.

3.1.2 Raktenprogramm für den HP-33E

Löschen Sie zunächst den Programmspeicher und stellen Sie den Rechner auf Schritt 00 durch Drücken von **f PRGM** im Programmiermodus (**PRGM**). Tasten Sie dann die in Tabelle 3-2 angegebene Folge von Programmschritten ein und schalten Sie zurück in den Rechenmodus (**RUN**).

Tabelle 3-2 Raketenprogramm für den HP-33E

$$T/m = \begin{cases} T_1/m_1 \text{ für } t < t_1,\ m_1 = \text{mittl. Masse für } T = T_1 \\ T_2/m_2 \text{ für } t_1 < t < t_2,\ m_2 = \text{mittl. Masse für } T = T_2 \\ 0 \text{ für } t > t_2 \end{cases}$$

$K/m = K/m_3$, m_3 = Masse für $T = 0$

Registerinhalte und Belegen der Register

Register	0	1	2	3	4	5	6	7
Inhalt	T_1/m_1	t_1	T_2/m_2	t_2	v	h	K/m_3	t
Belegung	T_1/m_1	t_1	T_2/m_2	t_2	0	0	K/m_3	0

      oder andere Werte (Register 4, 5)   obligatorisch (Register 7)

Anzeige:	v, h nacheinander für jede Schleife
Ende mit:	Anzeige von h_{max}.
Abruf von:	t mit RCL 7 bei Anzeige von h
zur Beachtung:	Änderung von Δt in Schritt 24−26 möglich

Programm

Schritt	Code	Taste	X	Y	Z	T	Kommentar
00							
01	24 7	RCL 7	t				Schleifenanfang
02	24 3	RCL 3	t_2	t			

Schritt	Code	Taste	X	Y	Z	T	Kommentar
03	14 41	$f\,x \leqslant y$	t_2	t			Test ob $t \geqslant t_2$
04	13 41	GTO 41	t_2	t			
05	24 7	RCL 7	t				
06	24 1	RCL 1	t_1	t			
07	14 41	$f\,x \leqslant y$	t_1	t			Test ob $t \geqslant t_1$
08	13 43	GTO 43	t_1	t			
09	24 0	RCL 0	T_1/m_1				
10	9	9	9	T/m			
11	73	.	9.	T/m			
12	8	8	9.8	T/m			
13	1	1	9.81	T/m			$g = 9{,}81 \ \mathrm{m/s^2}$
14	41	–	$T/m-g$				
15	24 6	RCL 6	K/m	$T/m-g$			
16	24 4	RCL 4	v	K/m	$T/m-g$		
17	15 0	$g\,x^2$	v^2	K/m	$T/m-g$		
18	61	×	Kv^2/m	$T/m-g$			
19	41	–	a				
20	24 7	RCL 7	t	a			
21	15 71	$g\,x = 0$	t	a			Test ob $t = 0$
22	13 45	GTO 45	t	a			
23	22	R↓	a				
24	73	.	.	a			ist $a/2$ wenn $t = 0$
25	0	0	.0	a			
26	2	2	.02	a			$\Delta t = 0{,}02$
27	61	×	.02a				$a\Delta t = \Delta v$
28	23 51 4	STO + 4	.02a				v vergrößert
29	14 73	f LAST x	.02				
30	24 4	RCL 4	v	.02			
31	15 41	$g\,x < 0$	v	.02			Test ob $v < 0$
32	13 49	GTO 49	v	.02			
33	14 74	f PAUSE	v	.02			v angezeigt
34	21	$x \gtrless y$	.02	v			
35	23 51 7	STO + 7	.02	v			t vergrößert
36	61	×	.02v				$v\Delta t = \Delta h$
37	23 51 5	STO + 5	.02v				h vergrößert
38	24 5	RCL 5	h				
39	14 74	f PAUSE	h				h angezeigt
40	13 01	GTO 01	h				neue Schleife
41	0	0	0				$T/m = 0$ für $t > t_2$
42	13 10	GTO 10	0				Schleifenfortsetzung
43	24 2	RCL 2	T_2/m_2				
44	13 10	GTO 10	T_2/m_2				Schleifenfortsetzung
45	22	R↓	a				
46	2	2	2	a			
47	71	÷	$a/2$				
48	13 24	GTO 24	$a/2$				Fortsetzung der ersten Schleife
49	24 5	RCL 5	h				$h = h_{\mathrm{max}}$, Ende

Wir sollten noch einige Bemerkungen zu der Anweisung **f x ≤ y** in Schritt 03 und 07 machen. Sie prüft, ob der Inhalt des X- oder Anzeigeregisters kleiner oder gleich dem Inhalt des Y-Registers ist. In Schritt 03 bedeutet diese Frage, ob die verstrichene Flugzeit t größer oder gleich t_2, der Summe der Brenndauer der ersten und zweiten Stufe, ist. Im Fall einer positiven Antwort (ja) befände sich die Rakete in der antriebslosen Phase mit T/m gleich Null und das Programm würde mit Schritt 41 fortfahren, wo dieser Wert eingebracht wird. In Schritt 07, der nur bei negativer Antwort auf den Test von Schritt 03 erreicht wird, prüft die Anweisung **f x ≤ y**, ob die seit demStart verstrichene Zeit t größer oder gleich t_1 ist, der Brenndauer der ersten Stufe. Eine positive Antwort bedeutet, daß die zweite Antriebsstufe brennt und somit für T/m der Wert T_2/m_2 zu benutzen ist. Eine negative Antwort bedeutet, daß die erste Stufe noch brennt und T/m somit den Wert T_1/m_1 hat. In jedem Fall wird Schritt 10 mit dem richtigen T/m-Wert im Y-Register erreicht.

Der Test in Schritt 21 bezweckt die Unterscheidung der ersten Programmschleife von den folgenden. In Übereinstimmung mit der Strategie unserer numerischen Methode (siehe Gleichungen 2-11) muß in dieser Schleife durch Schritt 24 der Wert $1/2\ a$ statt a ins Y-Register gebracht werden, ganz so wie beim Fallschirmprogramm. Mit dem Test **g x < 0** in Schritt 31 wird der erste negative Geschwindigkeitswert erkannt, welcher anzeigt, daß die Rakete ihre maximale Höhe erreicht hat. In diesem Fall springt das Programm zu Schritt 49, zeigt diese Höhe h an und hält, bis **R/S** gedrückt wird. Nun kann die Flugzeit durch **RCL 7** abgerufen werden. Bevor Sie das Programm starten können, brauchen Sie noch die Werte für T/m, t und K/m, um sie, wie über der Programmtabelle 3-2 angezeigt, abspeichern zu können. In den folgenden Beispielen werden solche Werte angegeben und es wird gezeigt, wie sie aus den technischen Daten einer Rakete berechnet werden.

3.1.3 Bestimmung der konstanten Speicherinhalte

Sie haben vielleicht bemerkt, daß die Werte der beiden Konstanten Δt und g (Zeitintervall bzw. Erdbeschleunigung) nicht in Speicherregister abgelegt sondern in den Programmkörper mit aufgenommen wurden. Dies geschah wegen der begrenzten Zahl von Speicherregistern. Was noch gespeichert werden muß, sind die Werte für t_1, t_2, T_1/m_1, T_2/m_2 und K/m_3. Die Brenndauern t_1 und t_2 werden vom Hersteller angegeben (t_2 ist die Summe der Brenndauern der ersten und zweiten Stufe). Die anderen Größen bedeuten:

T_1 = Gesamtimpuls der ersten Stufe (in Ns)/t_1 = Schubkraft der ersten Stufe

T_2 = Gesamtimpuls der zweiten Stufe (in Ns)/$(t_2 - t_1)$ = Schub der zweiten Stufe

K = $1/2\ AC_D\,\rho$ mit A = Querschnitt des zylindrischen Raketenkörpers (in m^2); C_D ist für die meisten Raketenmodelle als 0,75 anzunehmen; für die Luftdichte ρ wird 1,266 kg/m^3 eingesetzt

m_1 = Masse (in kg) der startenden Rakete minus 1/2 Masse des Treibstoffs der ersten Stufe

m_2 = Masse (in kg) der Rakete nach Abbrennen der ersten Stufe minus 1/2 Masse des Treibstoffs der zweiten Stufe

m_3 = Masse (in kg) der Rakete nach Abbrennen der zweiten Stufe

Für einstufige Raketen ist $t_2 = t_1$ und $T_2/m_2 = 0$.

3.1.4 Modellrakete Big Bertha mit Triebwerk B4-4

Mit den Angaben des Herstellers ergeben sich nach den Definitionen des vorherigen Abschnitts für diese Modellrakete folgende Werte:

$*t_1 \quad = 1,2 \text{ s}$

$*t_2 \quad = 1,2 \text{ s} + 0 = 1,2 \text{ s}$

$T_1 \quad = 5 \text{ Ns}/1,2 \text{ s} = 4,167 \text{ N}$

$T_2 \quad = 0$

$K \quad = \frac{1}{2}\,(0,00136 \text{ m}^2)(0,75)(1,266 \text{ kg/m}^3) = 0,0006457 \text{ kg/m}$

$m_1 \quad = 0,0624 \text{ kg} + 0,021 \text{ kg} - 0,00417 \text{ kg} = 0,07923 \text{ kg}$

$m_2 \quad = m_3 = 0,0624 \text{ kg} + 0,021 \text{ kg} - 0,00833 \text{ kg} = 0,07507 \text{ kg}$

$*T_1/m_1 = 4,167 \text{ N} / 0,07923 \text{ kg} = 52,59 \text{ N/kg} = 52,59 \text{ m/s}^2$

$*T_2/m_2 = 0/0,7507 \text{ kg} = 0$

$*K/m_3 \quad = (0,0006457 \text{ kg/m}) / 0,07507 \text{ kg} = 0,00860/\text{m}$

Die mit einem Stern gekennzeichneten Größen werden in den Speicherregistern abgespeichert:

Tabelle 3-2a

Register:	0	1	2	3	4	5	6	7
Inhalt:	T_1/m_1	t_1	T_2/m_2	t_2	v	h	K/m_3	t
Belegung:	52,59	1,2	0	1,2	0	0	0,0086	0 für HP-33E
								0,0001 für TI-57

Nach Speichern der mit einem Stern gekennzeichneten Werte in den ihnen zugedachten Registern und der Werte Null für v, h und t vergewissern Sie sich besser, daß das Programm auf Schritt 00 steht, bevor Sie es mit **R/S** in Gang setzen.

In Bild 3-3 ist jeder fünfte angezeigte Wert der Geschwindigkeit und der Höhe über der Zeit aufgetragen. Die größte Geschwindigkeit erreicht die Rakete, wenn mit Ablauf der Brenndauer (1,2 Sekunden) der Schub aufhört. Bis zu diesem Zeitpunkt steigt die Geschwindigkeit schnell an und fällt danach fast ebenso schnell wieder ab. Bei der Interpretation solcher Kurven ist es nützlich, sich zu vergegenwärtigen, daß die Steigung der Geschwindigkeitskurve die Beschleunigung darstellt (siehe Gleichung 2-1) und daß die Geschwindigkeit der Steigung der Wegkurve entspricht (siehe Gleichung 2-2). Die größte positive Steigung der Geschwindigkeitskurve (und somit die maximale positive Beschleunigung) tritt beim Abheben der Rakete auf, die größte negative Steigung (d.h. maximale negative Beschleunigung) folgt gleich auf die Beendigung des Antriebsschubs. Ein Blick auf die Gleichung für die Raketenbeschleunigung $a = T/m - g - Kv^2/m$ zeigt, warum dies so ist. Einsetzen der Geschwindigkeitswerte beim Abheben bzw. gleich nach Ablauf der Brenndauer ergibt eine positive Startbeschleunigung von ungefähr 4,3 g (d.h. 4,3 mal so groß wie die Erdbeschleunigung), während die negative Beschleunigung gleich nach der Schubphase etwa 2,75 g beträgt.

Sie können den Ablauf des Programms etwas ändern, indem Sie eine oder beide **Pause**-Anweisungen entweder durch **R/S** oder durch **Nop** ersetzen, um entweder der

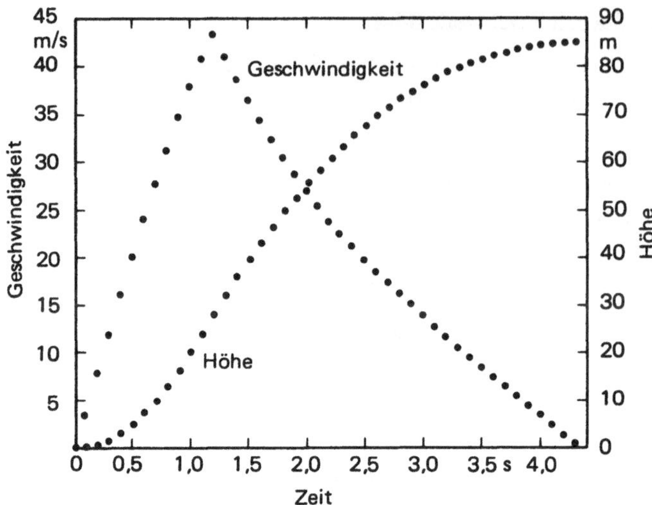

Bild 3-3 Geschwindigkeit und Höhe als Funktion der Zeit für die Rakete Big Bertha mit Triebwerk B 4-4; Schubdauer 1,2 Sekunden; konstanter mittlerer Schub von 4,167 Newton; Zeitintervall $\Delta t = 0,02$ Sekunden

Ergebnisanzeige bequemer folgen zu können oder den Programmablauf zu beschleunigen, wenn Sie nur an der Maximalhöhe und der zu ihrem Erreichen benötigten Zeit interessiert sind. Sehr vorteilhaft ist bei Verfolgung der Raketenbewegung auch, nur die Pausenanweisung zur Anzeige der Geschwindigkeit v beizubehalten, diese Werte zu beachten und das Programm durch **R/S** anzuhalten, wenn ein v angezeigt wird, das kleiner ist als das vorhergehende. Dieser vorher angezeigte Wert ist natürlich die Maximalgeschwindigkeit, die mit dem Ende der Triebwerkstätigkeit erreicht wird. Die zugehörigen Werte der Höhe und der Zeit können nun aus den Registern 5 und 7 abgerufen werden, bevor das Programm zur Berechnung der Bewegung in der antriebslosen Phase wieder gestartet wird. Dabei ist jedoch Vorsicht geboten, denn wenn während einer Programmunterbrechung der Inhalt des Anzeigeregisters geändert wird, können sich daraus Fehler ergeben, da die ursprünglich dort befindlichen Werte eventuell für spätere Operationen benötigt werden. Im vorliegenden Programm kann das bei der Pause, in der v angezeigt wird, passieren, nicht aber während der Anzeige von h. Beim TI-57 müssen Sie daher bei der Anzeige von v **2nd Exc 5** drücken, worauf h angezeigt wird und dann wieder **2nd Exc 5**. Zur Anzeige von t drücken Sie **2nd Exc 7** und danach wieder **2nd Exc 7**. Beim HP-33E erhalten Sie h während der Pause zur Anzeige der Geschwindigkeit durch **RCL 5**, worauf Sie die Stackinhalte durch **R↓** wieder in Ordnung bringen. Ebenso müssen Sie **R↓** drücken, nachdem Sie durch **RCL 7** den Wert von t zur Anzeige gebracht haben.

Bei der Wahl des richtigen Zeitabstands zwischen dem Ende der Antriebstätigkeit und der Fallschirmöffnung bietet das Raketenprogramm eine Hilfestellung durch Berechnung der zum Erreichen der Maximalhöhe benötigten Zeit. Dazu können beide Pauseanweisungen durch **Nop** ersetzt werden, wodurch der Programmablauf sehr beschleunigt wird. So können Sie rasch die Auswirkung einer veränderten Raketenmasse auf die maximale Flughöhe und die dazu benötigte Zeit untersuchen.

3.1.5 Modellrakete Icarus mit Triebwerk B4-4

Die für das zweite Beispiel gewählte Modellrakete hat eine Querschnittsfläche A und damit auch einen K-Wert von nur 35 % der entsprechenden Werte der Big Bertha. Damit die unterschiedlichen Bewegungsabläufe in diesen beiden Beispielen nicht von zu vielen Variablen verursacht wird, benutzen wir das gleiche Triebwerk. Mit den Angaben des Herstellers ergeben sich nach den oben gegebenen Definitionen für die Programmparameter:

$$*t_1 \quad = 1,2 \text{ s}$$
$$*t_2 \quad = 1,2 \text{ s} + 0 = 1,2 \text{ s}$$
$$T_1 \quad = 5 \text{ Ns} / 1,2 \text{ s} = 4,167 \text{ N}$$
$$T_2 \quad = 0$$
$$K \quad = \tfrac{1}{2}\,(0,000483 \text{ m}^2)\,(0,75)\,(1,226 \text{ kg/m}^3) = 0,000229 \text{ kg/m}$$
$$m_1 \quad = 0,037 \text{ kg} + 0,021 \text{ kg} - 0,00417 \text{ kg} = 0,05383 \text{ kg}$$
$$m_2 \quad = m_3 = 0,037 \text{ kg} + 0,021 \text{ kg} - 0,00833 \text{ kg} = 0,04967 \text{ kg}$$
$$*T_1/m_1 = 77,4 \text{ N/kg}$$
$$*T_2/m_2 = 0$$
$$*K/m_3 \quad = 0,00461/\text{m}$$

Für die Belegung der Speicherregister bedeutet das:

Tabelle 3-2b

Register:	0	1	2	3	4	5	6	7
Inhalt:	T_1/m_1	t_1	T_2/m_2	t_2	v	h	K/m_3	t
Belegung:	77,4	1,2	0	1,2	0	0	0,00461	0 für HP-33E
								0,0001 für TI-57

Das Schub/Masse-Verhältnis T_1/m_1 ist demnach etwa 50 % größer und der Verzögerungsfaktor K/m_3 ungefähr 50 % kleiner als im vorigen Beispiel.

In Bild 3-4 sind die berechneten Geschwindigkeiten und Höhen über der Zeit aufgetragen. Es zeigt sich, daß die Icarus eine Maximalhöhe erreicht, die mit 175 m mehr als doppelt so hoch ist wie die der Big Bertha mit dem gleichen Triebwerk. Die Zeit, die bis zum Erreichen dieser Maximalhöhe verstreicht, ist für die Icarus etwa 1,5 Sekunden länger, was Auswirkungen auf die zu wählende Zeitverzögerung bis zum Öffnen des Fallschirms hat.

3.1.6 Verbesserte Beschreibung des zeitlichen Schubverlaufs

Wir wollen in diesem Beispiel wieder die Big Bertha aus Abschnitt 3.1.4 betrachten. Den Mittelwert des Schubs von 4,167 N hatten wir dort durch Division des Gesamtimpulses von 5 Ns durch die Brenndauer von 1,2 s berechnet. In Bild 3-5 haben wir die Schub–Zeit-Kurve des B4-4-Triebwerks aus Bild 3-1 getrennt dargestellt. Wie Sie sehen, erreicht der Schub nach 0,09 s den Mittelwert und nach weiteren 0,11 s seinen Maximalwert von 13 N. In den nächsten 0,2 s fällt der Schub auf einen Wert von 3,5 N, der bis etwa 0,05 s vor Ende der Brenndauer beibehalten wird. Unser Ziel ist nun, eine bessere

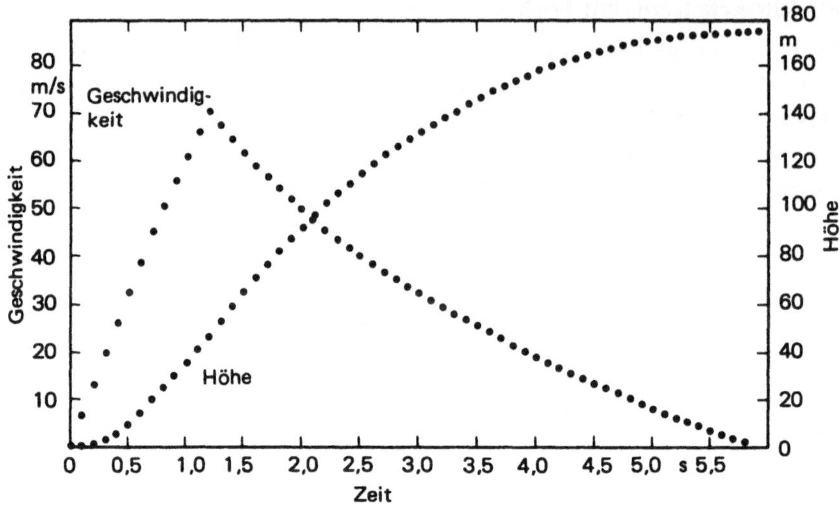

Bild 3-4 Geschwindigkeit und Höhe als Funktion der Zeit für die Rakete Icarus mit Triebwerk B 4-4

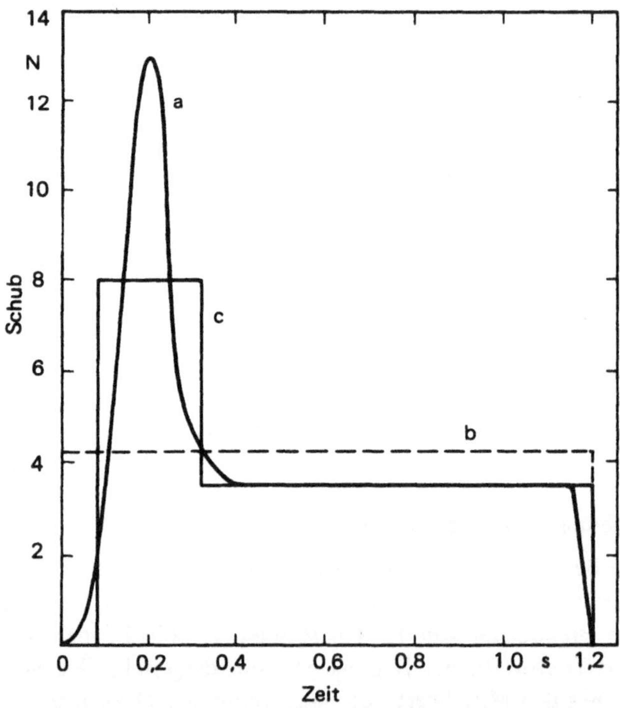

Bild 3-5 Schub als Funktion der Zeit für das B4-4 Triebwerk a) tatsächlicher Schub b) erste Näherung: Verwendung eines Mittelwerts c) bessere Näherung durch zwei Schubwerte

Beschreibung dieses zeitlichen Schubverlaufs zu finden, als die Näherung durch *einen* Mittelwert (in Bild 3-5 gestrichelt).

Der Gesamtimpuls entspricht der Fläche unter der (geraden oder gekrümmten) Schub-Zeit-Kurve, worauf die Einheit Ns als Produkt der Einheiten der Koordinatenachsen hinweist. Mit diesem Gedanken erhalten wir die bessere Näherung in Bild 3-5 durch zwei Schubwerte auf folgendem Weg. Betrachtet man den Schub in der Zeit von 0,32 s bis 1,2 s (eine Periode von 0,88 s Dauer) als konstant mit einem Wert von 3,5 N, so steht diese Periode für einen Gesamtimpuls von (3,5 N) (0,88 s) = 3,08 Ns. Damit bleibt für die erste Schubperiode, die von 0,08 s bis 0,32 s (also 0,24 s lang) dauern soll, ein Gesamtimpuls von 5 Ns − 3,08 Ns = 1,92 Ns, d.h. der mittlere Schub ist für diese Zeitspanne der Quotient aus verbliebenem Gesamtimpuls (1,92 Ns) und der Schubdauer (0,24 s). Somit ergibt sich ein Schubmittelwert für die erste Periode von 1,92 Ns/0,24 s = 8.0 N. Wir behandeln das B4-4-Triebwerk hier also wie ein zweistufiges Aggregat mit diesen beiden Schubmittelwerten für die beiden Schubphasen. Weiterhin wollen wir annehmen, daß der Anteil der in jeder Stufe verbrauchten Treibstoffmasse am gesamten Treibstoff dem Anteil dieser Stufe am Gesamtimpuls entspricht. Da in dieser Näherung in den ersten 0,08 Sekunden nach der Zündung kein Schub auftritt, wollen wir uns den Raketenflug so vorstellen, als ob er erst mit dem ersten Schubwert ungleich Null begänne und diesen Zeitpunkt mit $t = 0$ bezeichnen. Die Parameter in den Speicherregistern sind dann wie folgt bestimmt:

$$*t_1 \quad = 0,24\ \text{s}$$
$$*t_2 \quad = 0,24\ \text{s} + 0,88\ \text{s} = 1,12\ \text{s}$$
$$T_1 \quad = 8,0\ \text{N}$$
$$T_2 \quad = 3,5\ \text{N}$$
$$m_1 \quad = 0,0624\ \text{kg} + 0,021\ \text{kg} - 0,0017\ \text{kg} = 0,0817\ \text{kg}$$
$$m_2 \quad = 0,0624\ \text{kg} + 0,021\ \text{kg} - 0,00583\ \text{kg} = 0,07757\ \text{kg}$$
$$*T_1/m_1 = 97,93\ \text{N/kg}$$
$$*T_2/m_2 = 45,12\ \text{N/kg}$$
$$*K/m_3 \quad = 0,00860/\text{m} \ (\text{wie in Abschnitt 3.1.4})$$

Die Speicherregister werden daher wie folgt belegt:

Tabelle 3-2c

Register:	0	1	2	3	4	5	6	7
Inhalt:	T_1/m_1	t_1	T_2/m_2	t_2	v	h	K/m_3	t
Belegung:	97,92	0,24	45,12	1,12	0	0	0,0086	0 für HP-33E
								0,0001 für TI-57

Bild 3-6 zeigt den sich mit diesen Werten ergebenden Verlauf der Geschwindigkeit und der Höhe über der Zeit. Der leichte Knick im aufsteigenden Teil der Geschwindigkeitskurve, d.h. eine Unstetigkeit der Steigung dieser Kurve (die ja der Beschleunigung entspricht) rührt natürlich vom Übergang von dem höheren zum niedrigeren Schubwert

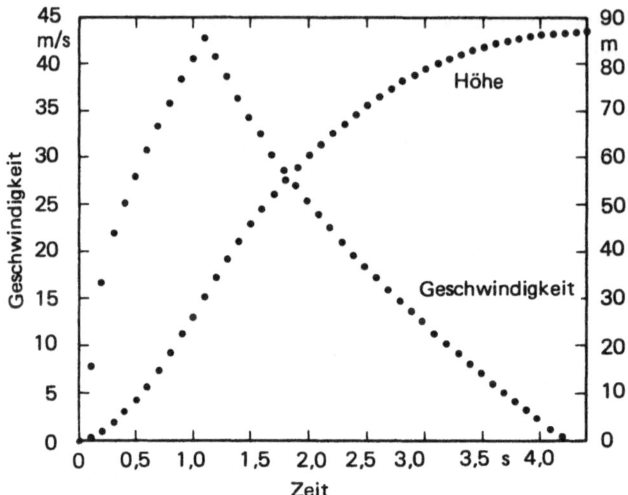

Bild 3-6 Geschwindigkeit und Höhe als Funktion der Zeit für die Rakete Big Bertha; Schub-Zeit-Kurve des B4-4-Triebwerks durch zwei Schubwerte angenähert

her. Die Tatsache, daß die mit dieser besseren Näherung berechnete Maximalhöhe sich nur um 1,5 Meter vom Ergebnis des ersten Beispiels unterscheidet, spricht für die Güte jener ersten Näherung.

3.1.7 Zweistufige Ausführung der Modellrakete Arrow 300 mit den Triebwerken B14-0 und B4-6

Die Arrow 300 kann in ein-, zwei oder dreistufige Ausführung geflogen werden. Da einige der hier benötigten Daten vom Hersteller nicht angegeben werden, wurden die folgenden Werte an einer Rakete gemessen: Durchmesser des Raketenkörpers, 0,023 m; Masse der Endstufe mit Fallschirm und Landungspolstern, 0,046 kg; Masse einer Antriebsstufe, 0,0105 kg. Mit dem Koeffizienten $C = 0,75$ und den Triebwerksdaten des Herstellers ergeben sich für die Programmparameter folgende Werte:

$*t_1 \quad = 0,35\ \text{s}$

$*t_2 \quad = 0,35\ \text{s} + 1,20\ \text{s} = 1,55\ \text{s}$

$T_1 \quad = 5\ \text{Ns} / 0,35\ \text{s} = 14,29\ \text{N}$

$T_2 \quad = 5\ \text{Ns} / 1,2\ \text{s} = 4,167\ \text{N}$

$K \quad = \frac{1}{2}(0,0004155\ \text{m}^2)(0,75)(1,266\ \text{kg/m}^3) = 0,0001972\ \text{kg/m}$

$m_1 \quad = 0,046 + 0,0105 + 0,0221 + 0,0173 - 0,00312 = 0,09278\ \text{kg}$

$m_2 \quad = 0,046 + 0,0221 - 0,00416 = 0,06394\ \text{kg}$

$m_3 \quad = 0,046 + 0,0221 - 0,00833 = 0,05977\ \text{kg}$

$*T_1/m_1 = 14,29\ \text{N}/0,09278\ \text{kg} = 154,0\ \text{N/kg}$

$*T_2/m_2 = 4,167\ \text{N}/0,06394\ \text{kg} = 65,17\ \text{N/kg}$

$*K/m_3 \quad = (0,0001972\ \text{kg/m})/0,05977\ \text{kg} = 0,003299/\text{m}$

Die Speicherregister werden folgendermaßen belegt:

Tabelle 3-2d

Register:	0	1	2	3	4	5	6	7
Inhalt:	T_1/m_1	t_1	T_2/m_2	t_2	v	h	K/m_3	t
Belegung:	154,0	0,35	65,17	1,55	0	0	0,003299	0 für HP-33E
								0,0001 für TI-57

In Bild 3-7, das die Kurve dieser Raketenbewegung zeigt, sind außer der Maximalhöhe die Geschwindigkeits- und Höhenwerte am Ende jeder Antriebsstufe bemerkenswert. Die Beschleunigung (Steigung der Geschwindigkeitskurve, $\Delta v/\Delta t$) zeigt den bisher größten negativen Wert von -37 m/s^2 oder fast $3{,}8\,g$ am Ende der Triebwerkstätigkeit der zweiten Stufe. Welchen Beschleunigungswert würden Sie beim Erreichen der Maximalhöhe erwarten? Prüfen Sie es!

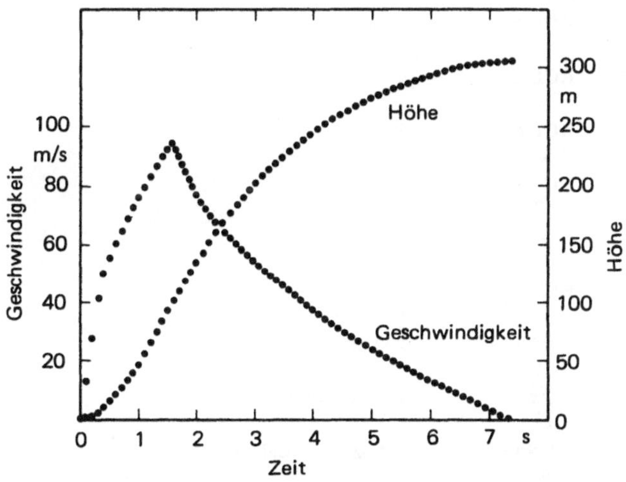

Bild 3-7 Geschwindigkeit und Höhe als Funktion der Zeit für die zweistufige Ausführung der Rakete Arrow 300 mit den Triebwerken B14-0 und B4-6

3.2 Programm für mehrstufige Raketen

Das eben benutzte Programm hat den Vorteil, daß es, einmal mit den Anfangsparametern ausgestattet, für beide Triebwerksphasen und die antriebslose Zeit danach bis zum Erreichen der Maximalhöhe fortlaufend die Bewegung der Rakete berechnet. Dagegen ist es nicht in der Lage, mit einer drei- oder mehrstufigen Rakete umzugehen. Das folgende

Tabelle 3-3 Programm für mehrstufige Raketen (TI-57)

Registerinhalte und Belegen der Register

Register	0	1	2	3	4	5	6	7
Inhalt	t	v	h	g	Δt	T_n/m_n	K/m_n	t_n
Belegung	0	0	0	9,81	0,02	T_1/m_1	K/m_1	t_1

zur Beachtung: Im Gegensatz zum vorigen Programm bezeichnet t_n hier die Brenndauer nur einer (der n-ten) Stufe; t_n für die antriebslose Phase beliebig groß (z. B. 100). Das Programm stoppt am Ende jeder Triebwerksstufe mit der Anzeige der negativen Zeit $(-t)$. Abruf von v und h durch RCL 1 bzw. RCL 2. Für die nächste Stufe speichern Sie neue Werte in die Register 5, 6 und 7 und drücken dann R/S. Für die antriebslose Phase ist $T_n/m_n = 0$.

Programm

Schritt	Code	Taste	Kommentar
00	02	2	2
01	25	$1/x$	1/2
02	55	×	
03	43	(	
04	86 1	2nd LBL 1	
05	33 5	RCL 5	T/m
06	65	–	
07	33 3	RCL 3	g
08	65	–	
09	33 6	RCL 6	K/m
10	55	×	
11	33 1	RCL 1	v
12	23	x^2	v^2
13	85	=	$(1/2)a$
14	55	×	
15	33 4	RCL 4	Δt
16	85	=	$(1/2)a\,\Delta t$
17	34 1	SUM 1	v vergrößert
18	33 1	RCL 1	v
19	24	$\sqrt{x}$	$\sqrt{v}$ Test ob $v < 0$
20	23	x^2	v
21	46	2nd Nop	v-Anzeige möglich
22	55	×	
23	33 4	RCL 4	Δt
24	34 0	SUM 0	t vergrößert
25	85	=	$v\Delta t$
26	34 2	SUM 2	h vergrößert
27	33 2	RCL 2	h
28	46	2nd Nop	h-Anzeige möglich
29	33 4	RCL 4	Δt
30	– 34 7	INV SUM 7	t_n verkleinert
31	00	0	
32	76	2nd $x \geqslant t$	Test ob $t_n \leqslant 0$
33	51 2	GTO 2	
34	51 1	GTO 1	zu Schleife ohne 1/2
35	86 2	2nd LBL 2	
36	33 0	RCL 0	t
37	84	+/–	Signal: Ende der Stufe
38	81	R/S	t, v, h abrufen. Neu belegen
39	51 1	GTO 1	neue Stufe

Tabelle 3-4 Programm für mehrstufige Raketen (HP-33E)

Registerinhalte und Belegen der Register

Register	0	1	2	3	4	5	6	7
Inhalt	t	v	h	g	Δt	T_n/m_n	K/m_n	t_n
Belegung	0	0	0	9,81	0,02	T_1/m_1	K/m_1	t_1

zur Beachtung: Im Gegensatz zum vorigen Programm bezeichnet t_n hier die Brenndauer nur einer (der n-ten) Stufe; t_n für die antriebslose Phase beliebig groß (z. B. 100). Programmstopp am Ende jeder Stufe mit Anzeige vom h. Abruf von v und t durch RCL 1 bzw. RCL 0. Für nächste Stufe neue Werte in Register 5, 6 und 7 speichern, dann R/S drücken. $T_n/m_n = 0$ für antriebslose Phase.

Programm

Schritt	Code	Taste	X	Y	Z	T Kommentar
00						
01	24 5	RCL 5	T/m			
02	24 3	RCL 3	g	T/m		
03	41	−	$T/m-g$			
04	24 6	RCL 6	K/m	$T/m-g$		
05	24 1	RCL 1	v	K/m	$T/m-g$	
06	15 0	$g\,x^2$	v^2	K/m	$T/m-g$	
07	61	×	Kv^2/m	$T/m-g$		
08	41	−	a			$T/m-g-Kv^2/m = a$
09	24 0	RCL 0	t	a		
10	15 71	$g\,x = 0$	t	a		Test ob $t = 0$
11	13 31	GTO 31	t	a		
12	22	R↓	a			
13	24 4	RCL 4	Δt	a		ist $a/2$ für $t = 0$
14	61	×	$a\Delta t$			
15	23 51 1	STO +1	$a\Delta t$			v vergrößert
16	24 1	RCL 1	v			
17	15 41	$g\,x < 0$	v			Test ob $v < 0$
18	13 35	GTO 35	v			
19	15 13	g NOP	v			v-Anzeige möglich
20	24 4	RCL 4	Δt	v		
21	23 51 0	STO +0	Δt	v		t vergrößert
22	23 41 7	STO −7	Δt	v		t_n verkleinert
23	61	×	$v\Delta t$			
24	23 51 2	STO +2	$v\Delta t$			h vergrößert
25	24 2	RCL 2	h			
26	15 13	g NOP	h			h-Anzeige möglich
27	24 7	RCL 7	t_n			
28	15 51	$g\,x > 0$	t_n			Schleifenausgang wenn $t_n < 0$
29	13 01	GTO 01	t_n			neue Schleife
30	13 35	GTO 35	t_n			Schleifenausgang
31	22	R↓	a			
32	2	2	2	a		
33	71	÷	$a/2$			
34	13 13	GTO 13	$a/2$			Schleifenfortsetzung
35	24 2	RCL 2	h			
36	74	R/S	h			h angezeigt. Neu belegen
37	13 01	GTO 01	h			neue Stufe

Programm kann die Bewegung einer Rakete mit beliebiger Anzahl von Triebwerksstufen berechnen, wobei das Programm am Ende einer jeden Stufe anhält, damit Sie die Parameter für das folgende Triebwerk bzw. für die antriebslose Phase speichern können. Obwohl für die Anzeige der Geschwindigkeit und Höhe jeder Rechenschleife vorgesorgt wurde, ist das Programm besonders geeignet, diese zu unterdrücken, um schnell die Werte der Zeit, Geschwindigkeit und Höhe am Ende jeder Antriebsphase zu liefern. Das Programm ähnelt sehr dem vorigen, so daß Sie es sofort verstehen werden, wenn Sie beim Eintasten die Kommentare beachten. Bei T_n, t_n und m_n bezeichnet der ganzzahlige Index n die Nummer der jeweiligen Antriebsstufe, wobei der größte n-Wert für die antriebslose Phase am Schluß steht.

3.2.1 Zweistufige Ausführung der Arrow 300 mit dem Programm für mehrstufige Raketen

Wir wollen hier die gleiche Rakete mit den gleichen Triebwerken wie im vorigen Beispiel benutzen, um die Ergebnisse der beiden Programme vergleichen zu können. Im Gegenteil zum ersten Programm, wo nur die Benutzung eines einzigen K/m-Wertes (nämlich K/m_3) für alle Phasen des Fluges möglich war, kann bei diesem Programm ein eigener K/m-Wert für jede Stufe eingegeben werden, so daß wir hier eine etwas genauere Beschreibung der Raketenbewegung erwarten.

In der folgenden Tabelle der zu speichernden Werte entsprechen T_1/m_1, T_2/m_2 und K/m_3 denen aus Abschnitt 3.1.7, und K/m_1 und K/m_2 ergeben sich aus den dort angegebenen Werten von K, m_1 und m_2. Dagegen ist t_2 hier nicht wie im vorigen Beispiel als die Zeit vom Start bis zum Ende der zweiten Stufe definiert: Im jetzigen Programm stellt jedes t_n nur die Schubdauer für diese eine (n-te) Stufe dar. Da die Dauer der antriebslosen Phase nicht im voraus bekannt ist, sondern das Programm durch das Erscheinen eines negativen Geschwindigkeitswertes zum Anhalten veranlaßt wird, wird hier für t_n ein beliebiger Wert eingesetzt, der größer als die vermutete Dauer der antriebslosen Phase ist.

Tabelle 3-5

Register	0	1	2	3	4	5	6	7
Inhalt	t	v	h	g	Δt	T_n/m_n	K/m_n	t_n
Belegung								
Stufe 1	0	0	0	9,81	0,02	154	0,002126	0,35
Stufe 2	–	–	–	–	–	65,17	0,003084	1,20
antriebslose Endstufe	–	–	–	–	–	0	0,003299	100

Damit sollten Sie folgende Werte für t, v und h am Ende jeder Stufe erhalten:

Tabelle 3-6

	Zeit (s)	Geschwindigkeit (m/s)	Höhe (m)
Stufe 1	0,36	49,9	9,3
Stufe 2	1,56	95,3	99,3
antriebslose Endstufe	7,38	– 0,1	309,7

Ein Vergleich mit den Werten in Bild 3-7 zeigt, daß die beiden Programme vergleichbare Ergebnisse liefern. Mit dem letzteren Programm erhält man etwas größere Werte der Maximalhöhe und der Flugzeit, da hier mit der Anwendung dreier verschiedener K/m-Faktoren eine kleinere Luftreibung während der beiden Schubphasen eingeht. Andererseits sollten Sie weder diese Unterschiede zu stark bewerten, noch sollten Sie glauben, daß das Programm die tatsächliche Raketenbewegung mit einer Unsicherheit kleiner als einige Prozent beschreibt. Wenn Sie an die Ungenauigkeit und/oder Änderung des Koeffizienten C_D und der Luftdichte ρ, sowie an eventuell wirksamen Wind und andere Faktoren denken, sollten Sie bei der Interpretation der Daten und Ergebnisse großzügig sein. Sie haben vielleicht auch bemerkt, daß sich mit $\Delta t = 0{,}02$ eine um 0,01 Sekunden größere Brennzeit der Triebwerke ergibt, als Sie nach den Angaben tatsächlich sein sollte. Vielleicht interessiert Sie ein Programmdurchlauf mit $\Delta t = 0{,}01$, um zu sehen, ob die damit erreichte Steigerung der Genauigkeit die verlängerte Rechenzeit wert ist.

3.2.2 Dreistufige Ausführung der Arrow 300 mit den Triebwerken B14-0, B6-0 und B14-7

Aus Abschnitt 3.1.7 kennen wir folgende Daten der Arrow 300: $K = 0{,}0001972$ kg/m, Masse der Endstufe vor Montage der Triebwerke = 0,046 kg, Masse jeder Antriebsstufe = 0,0105 kg. Die Daten der Triebwerke werden vom Hersteller angegeben. Wenn wir die Triebwerke in der obigen Reihenfolge einsetzen und dabei beachten, daß die mittlere Raketenmasse während jeder Stufe sich aus der Masse der verbliebenen Komponenten plus der halben Treibstoffmasse des gerade laufenden Triebwerks zusammensetzt, ergeben sich die folgenden Programmparameter:

$*t_1 = 0{,}35$ s, $t_2 = 0{,}80$ s, $t_3 = 0{,}35$ s, $t_4 = 100$ s

$m_1 = 0{,}046 + 2(0{,}0105) + 0{,}0207 + 0{,}0164 + 0{,}0173 - 0{,}00312 = 0{,}1183$ kg

$m_2 = 0{,}046 + 0{,}0105 + 0{,}0207 + 0{,}0164 - 0{,}00312 = 0{,}09048$ kg

$m_3 = 0{,}046 + 0{,}0207 - 0{,}00312 = 0{,}06358$ kg

$m_4 = 0{,}046 + 0{,}0207 - 0{,}00624 = 0{,}06046$ kg

$*T_1/m_1 = 14{,}29$ N/0,1183 kg $= 120{,}8$ N/kg

$*T_2/m_2 = 6{,}25$ N/0,09048 kg $= 69{,}08$ N/kg

$*T_3/m_3 = 14{,}29$ N/0,06358 kg $= 224{,}8$ N/kg

$*T_4/m_4 = 0$

$*K/m_1 = (0{,}0001972$ kg/m$)/0{,}1183$ kg $= 0{,}001667$/m

$*K/m_2 = (0{,}0001972$ kg/m$)/0{,}09048$ kg $= 0{,}002179$/m

$*K/m_3 = (0{,}0001972$ kg/m$)/0{,}06358$ kg $= 0{,}003102$/m

$*K/m_4 = (0{,}0001972$ kg/m$)/0{,}06046$ kg $= 0{,}003262$/m

Die Belegung der Speicherregister sieht dann wie folgt aus:

Tabelle 3-7

Register	0	1	2	3	4	5	6	7
Inhalt	t	v	h	g	Δt	T_n/m_n	K/m_n	t_n
Belegung								
Stufe 1	0	0	0	9,81	0,02	120,8	0,001667	0,35
Stufe 2	–	–	–	–	–	69,08	0,002179	0,80
Stufe 3	–	–	–	–	–	224,8	0,003102	0,35
antriebslose Endstufe	–	–	–	–	–	0	0,003262	100

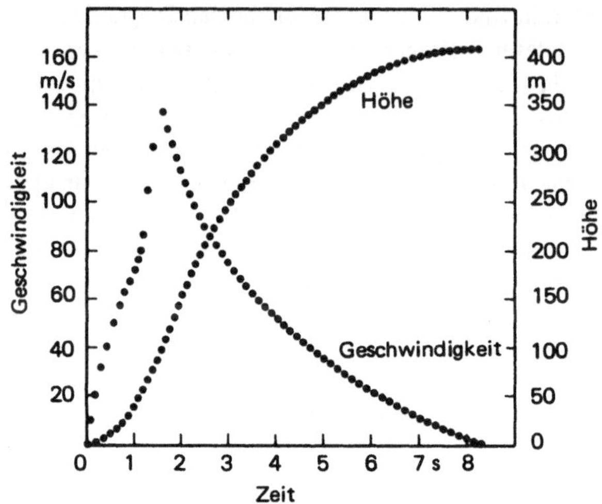

Bild 3-8 Geschwindigkeit und Höhe als Funktion der Zeit für die dreistufige Ausführung der Rakete Arrow 300 mit den Triebwerken B140-, B6-0 und B14-7

In Bild 3-8 ist der Geschwindigkeits- und Höhenverlauf dieser dreistufigen Rakete dargestellt. Obwohl das erste und das dritte Triebwerk den gleichen mittleren Schub liefern, sorgt das viel größere Schub/Masse-Verhältnis während der dritten Stufe (trotz der größeren Reibung bei höheren Geschwindigkeiten) für sichtbar größere Beschleunigung. Wenn Sie das Programm unter Beibehalten der **Nop**-Anweisungen laufen lassen, sollten Sie folgende Werte für t, v und h am Ende jeder Stufe bzw. bei der Maximalhöhe erhalten:

Tabelle 3-8

	Zeit (s)	Geschwindigkeit (m/s)	Höhe (m)
Stufe 1	0,36	38,58	7,17
Stufe 2	1,16	79,62	55,42
Stufe 3	1,52	142,90	96,58
antriebslose Endstufe	8,22	− 0,08	408,30

4 Satelliten

Mit dem Wort *Satelliten* meinen wir Planeten, die Satelliten der Sonne sind, oder Monde als Satelliten von Planeten oder auch künstliche Erdsatelliten oder sogar Kometen. In unsere Diskussion eingeschlossen sind auch Bewegungen von anderen Objekten, wie an Atomkernen gestreuten Alpha-Teilchen, die auch mit dem Programm, mit dem wir in diesem Kapitel die Satellitenbewegung studieren, behandelt werden können. Sowohl Satelliten wie auch Alpha-Teilchen unterliegen einer Kraft, die immer auf einen festen Punkt zu oder von ihm weg gerichtet ist. Man nennt solche Kräfte *Zentralkräfte*.

Bei der numerischen Methode, die wir im zweiten und dritten Kapitel benutzt haben, fanden wir durch das Newtonsche Bewegungsgesetz einen Ausdruck für die Beschleunigung des betrachteten Körpers. Die Beschleunigung benutzen wir, um die Werte der Geschwindigkeit und der Höhe für aufeinanderfolgende Zeitintervalle zu berechnen. Der Gang von der Beschleunigung zur Höhe war in jeder Rechenschleife:

Beschleunigung $\rightarrow$ Geschwindigkeitsänderung $\rightarrow$ neue Geschwindigkeit $\rightarrow$ Höhenänderung $\rightarrow$ neue Höhe.

Die Beschleunigung hatte dabei immer die gleiche Richtung wie die Geschwindigkeit, oder sie war ihr genau entgegengerichtet. Demgemäß bewirkte die Beschleunigung nur eine Geschwindigkeitsänderung in einer eindimensionalen vertikalen Bewegung. Bei der Satellitenbewegung ist das nicht mehr der Fall, vielmehr wirkt die beschleunigende Gravitationskraft immer in Richtung des Zentrums des anziehenden Körpers und somit hat sie immer eine Komponente, die senkrecht auf der Richtung der Satellitengeschwindigkeit steht. Die Bewegung ist deshalb zweidimensional und man muß eine x- und y-Komponente der Beschleunigung berechnen. Das bedeutet, daß auch die Geschwindigkeitsänderung, die Geschwindigkeit, die Ortsänderung und der Ort des Satelliten durch zwei Komponenten (x und y) angegeben werden müssen.

Wie wir das tun müssen, sagt uns das Newtonsche Gesetz der allgemeinen Massenanziehung. Demnach ziehen sich zwei Körper der Massen M bzw. m, die die Entfernung r voneinander haben, gegenseitig mit einer Kraft F an, die proportional zum Produkt der Massen, $M \cdot m$, und umgekehrt proportional zum Quadrat des Abstands, r^2, ist. Der Proportionalitätsfaktor ist die Gravitationskonstante G, so daß der Ausdruck für die Kraft, die vom Zentrum der einen Masse zum Zentrum der anderen gerichtet ist, lautet:

$$F = \frac{G\,M\,m}{r^2} \tag{4-1}$$

Die Tatsache, daß die Satelliten- oder Kometenbewegung einzig von dieser Gravitationskraft bestimmt wird, erleichtert die Formulierung eines Ausdrucks für die Beschleunigung des Körpers, da weder Schub- noch Reibungskräfte berücksichtigt werden müssen. Betrachtet man M als die Masse des Zentralkörpers und m als die Masse des umlaufenden

Körpers, so ergibt sich für dessen Beschleunigung nach dem Newtonschen Bewegungsgesetz $a = F/m$:

$$a = GM/r^2 \tag{4-2}$$

Beim Problem der Flugbahnen von Alpha-Teilchen, die durch elektrische Abstoßung von schweren Atomkernen abgelenkt werden, findet eine ähnliche $1/r^2$-Beziehung für die *abstoßende* Kraft Anwendung. Die Gleichung für diese Kraft lautet $F = kQq/r^2$, wobei Q und q für die elektrischen Ladungen von Atomkern bzw. Alpha-Teilchen stehen und k ein Proportionalitätsfaktor für elektrische Kräfte ist. Wir werden mit unserem Satellitenprogramm auch solche Bewegungen von Alpha-Teilchen behandeln und wollen auch Bewegungen betrachten, für die ein Kraftgesetz mit einem anderen Wert als 2 für den Exponenten von r gilt. Allgemein lautet unser Ausdruck für die Beschleunigung also:

$$a = C/r^n \tag{4-3}$$

C ist hier die passende Proportionalitätskonstante, der Exponent n gibt den Grad der Abhängigkeit der Kraft an, die vom Zentralkörper auf den bewegten Körper ausgeübt wird, mit r bezeichnen wir den Abstand der Mittelpunkte der beiden Körper. Für eine anziehende Zentralkraft hat C ein negatives Vorzeichen, bei Systemen mit abstoßender Kraft (wie bei der Streuung von Alpha-Teilchen) ist das Vorzeichen positiv. Außer der Behandlung von normalen Satellitenbahnen und den Auswirkungen von abrupten oder fortwährenden Störungen auf solche Bahnen sowie der Betrachtung der Streuung von Alpha-Teilchen (in all diesen Fällen ist $n = 2$), wollen wir auch den Präzessionseffekt der allgemeinen Relativität simulieren, indem wir einen etwas größeren n-Wert als 2 benutzen. Wir werden auch die Stabilität von Satellitenbahnen untersuchen, die einem hypothetischen Kraftgesetz mit $n = 3$ unterliegen. Weitere Systeme, die mit diesem Programm behandelt werden können sind z.B. eine Scheibe auf einer reibungsfreien Unterlage, die eine abstandsunabhängige Zentralkraft ($n = 0$) erfährt, und eine reibungsfreie Scheibe, die durch eine drehbare Feder an das Zentrum gebunden wird ($n = -1$).

Da Sie mit den Programmen der Kapitel 2 und 3 schon vertraut sind, ist zum Verständnis der Arbeitsweise dieses Satellitenprogramms nur noch notwendig, daß Sie die mathematischen Ausdrücke für die x- und y-Komponenten a_x und a_y der Satellitenbeschleunigung verstehen. Betrachten Sie dazu den die Anziehungskraft ausübenden Zentralkörper als im Punkt $x = 0$, $y = 0$ des Koordinatensystems in Bild 4-1 feststehend; der sich bewegende Körper sei am Ort (x, y) in Entfernung r vom Zentrum. Die Beschleunigung

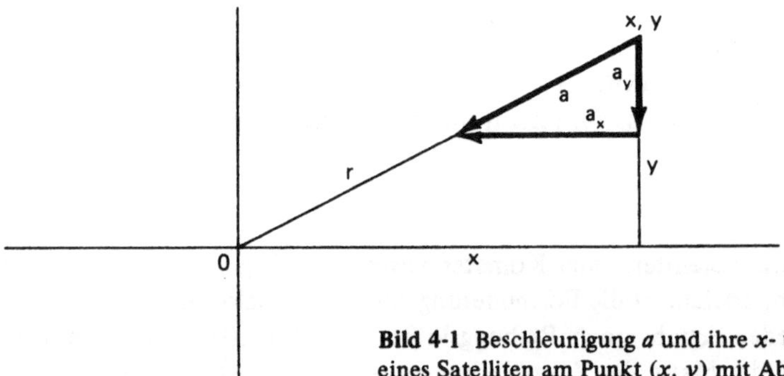

Bild 4-1 Beschleunigung a und ihre x- und y-Komponenten eines Satelliten am Punkt (x, y) mit Abstand r vom Zentralkörper in 0; a hat die Richtung der Gravitationskraft

$a = C/r^n$ des bewegten Körpers hat natürlich die gleiche Richtung wie die Anziehungskraft, die zum Zentralkörper hin wirkt. Sie ist durch den mit a bezeichneten Pfeil dargestellt, man sagt: die Beschleunigung ist ein Vektor. Dieser Beschleunigungspfeil (-vektor) bildet zusammen mit den Pfeilen seiner x- und y-Komponente (a_x und a_y) die Seiten des kleinen Dreiecks. Das Dreieck mit den Seiten r, x und y ist zu diesem Dreieck ähnlich, und da die Verhältnisse der Seiten ähnlicher Dreiecke gleich sind, können die folgenden Gleichungen aufgestellt werden:

$$a_x/a = x/r \qquad \text{(Seitenverhältnisse ähnlicher Dreiecke)}$$
$$a_x = a(x/r) \qquad \text{(nach } a_x \text{ aufgelöst)}$$
$$= (C/r^n)(x/r) \qquad (a \text{ durch } C/r^n \text{ ersetzt})$$
$$= Cr^{-(n+1)} \cdot x \qquad (4\text{-}4)$$

Entsprechend erhält man für a_y:

$$a_y = Cy/r^{n+1}$$
oder
$$a_y = Cr^{-(n+1)} \cdot y \qquad (4\text{-}5)$$

Für Satellitenbewegungen, wo $n = 2$ gilt, schreiben sich die Gleichungen (4-4) und (4-5) $a_x = Cr^{-3} \cdot x$ bzw. $a_y = Cr^{-3} \cdot y$. Nachdem Sie diese Gleichungen kennen und sich an Hand des Flußdiagramms (Bild 4-2) die Strategie des Satellitenprogramms klargemacht haben, werden Sie mit Hilfe der Kommentare in der Programmtabelle verstehen, wie das Programm Schritt für Schritt arbeitet.

Bild 4-2
Flußdiagramm für das Satellitenprogramm

* Für HP-Rechner: Späterer Test ($t = 0$) identifiziert
  die erste Schleife zur Einfügung des Faktors 1/2.

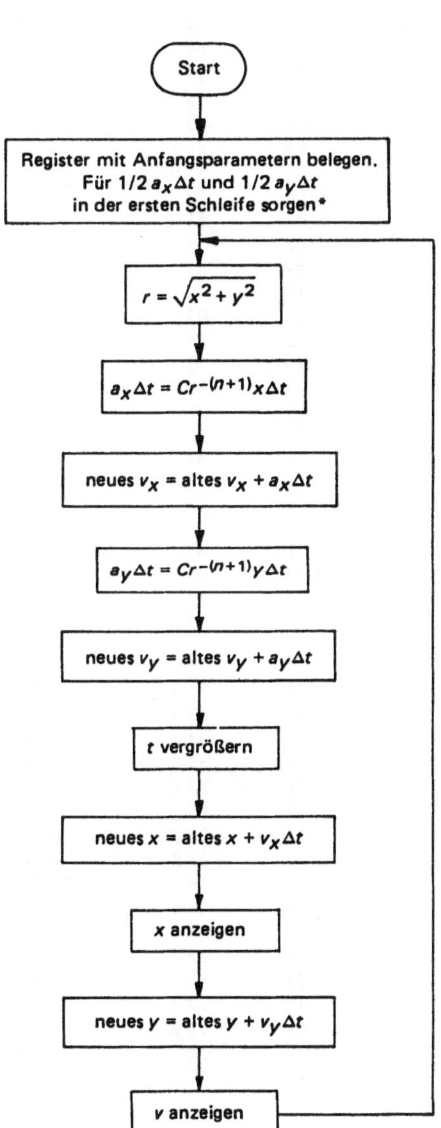

Tabelle 4-1 Satellitenprogramm für den HP 33E

Registerinhalte und Belegen der Register

Register		0	1	2	3	4	5	6	7
Inhalt		x	v_x	y	v_y	t	Δt	C	$(1/2)\,Cr^{-(n+1)}\Delta t$
Belegung		x_0	v_{x0}	y_0	v_{y0}	t_0	Δt	C	–

Anzeige: x, y, nacheinander für jede Schleife

Abruf von: t durch RCL 4 während v-Anzeige

zur Beachtung: Bei Schritt 12 enthält das Anzeigeregister $-(n+1)$ des Ausdrucks $a_x = cr^{-(n+1)}x$. Änderung von n durch Änderung von Schritt 11 und/oder 12. Mit 2nd Ins Platz schaffen für nichtganzzahligen n-Wert. Für „Sonnenwind" mit $n = 2$, $C = -1$ mittels 2nd Ins bei Schritt 28 .001 SUM 1 einfügen. C ist negativ für anziehende Kraft, positiv für abstoßende Kraft.

Programm

Schritt	Code	Taste	Kommentar
00	02	2	2
01	25	1/x	1/2
02	55	×	
03	43	(	
04	86 1	2nd Lbl 1	
05	33 0	RCL 0	x
06	22	$x \gtrless t$	
07	33 2	RCL 2	y
08	–27	INV 2nd P → R	gibt $r = \sqrt{x^2 + y^2}$
09	22	$x \gtrless t$	r
10	35	y^x	
11	03	3	$n + 1$
12	84	+/−	$-(n + 1)$
13	55	×	
14	33 6	RCL 6	C
15	55	×	
16	33 5	RCL 5	Δt
17	85	=	$(1/2)\,Cr^{-(n+1)}\Delta t$
18	32 7	STO 7	
19	55	×	
20	33 0	RCL 0	x
21	85	=	$(1/2)\,a_x\Delta t$
22	34 1	SUM 1	v_x vergrößert
23	33 7	RCL 7	$(1/2)\,Cr^{-(n+1)}\Delta t$
24	55	×	
25	33 2	RCL 2	y
26	85	=	$(1/2)\,a_y\Delta t$
27	34 3	SUM 3	v_y vergrößert
28	33 5	RCL 5	Δt
29	34 4	SUM 4	t vergrößert
30	55	×	
31	33 1	RCL 1	v_x
32	85	=	$v_x\Delta t$
33	34 0	SUM 0	x vergrößert
34	33 0	RCL 0	x
35	36	2nd Pause	x angezeigt
36	33 5	RCL 5	Δt
37	55	×	
38	33 3	RCL 3	v_y
39	85	=	$v_y\Delta t$
40	34 2	SUM 2	y vergrößert
41	33 2	RCL 2	y
42	36	2nd Pause	y angezeigt
43	51 1	GTO 1	zu Schleife ohne 1/2

Tabelle 4-2 Satellitenprogramm für den TI-57

Registerinhalte und Belegen der Register

Register	0	1	2	3	4	5	6	7
Inhalt	x	v_x	y	v_y	t	Δt	C	$-(n+1)$
Belegung	x_0	v_{x0}	y_0	v_{y0}	0	Δt	C	-3
					obliga- torisch			für andere Kraft zu ändern

Anzeige:	x, y, nacheinander für jede Schleife
Abruf von:	t durch RCL 4 während y-Anzeige
zur Beachtung:	In Reg. 7 ist die Zahl $-(n+1)$ für $a_x = Cr^{-(n+1)}x$. Anderes Kraftgesetz durch anderen n-Wert möglich. Für „Sonnenwind" mit $n = 2$, $C = -1$ nach Schritt 22 einfügen: .001 STO + 1, dann Schritt 18 durch GTO 42 ersetzen. C ist negativ für anziehende Kraft und positiv für abstoßende Kraft.

Programm

Schritt	Code	Taste	X	Y	Z	T	Kommentar
00							
01	24 2	RCL 2	y				
02	24 0	RCL 0	x	y			
03	15 4	$g \to P$	r				ergibt $r = \sqrt{x^2 + y^2}$
04	24 7	RCL 7	$-(n+1)$	r			
05	14 3	$f\,y^z$	$r^{-(n+1)}$				
06	24 6	RCL 6	C	$r^{-(n+1)}$			
07	24 5	RCL 5	Δt	C	$r^{-(n+1)}$		
08	61	$\times$	$C\Delta t$	$r^{-(n+1)}$			
09	61	$\times$	$Cr^{-(n+1)}\Delta t$				
10	24 2	RCL 2	y	$Cr^{-(n+1)}\Delta t$			
11	21	$x \gtrless y$	$Cr^{-(n+1)}\Delta t$	y			
12	61	$\times$	$a_y\Delta t$				
13	14 73	f LAST x	$Cr^{-(n+1)}\Delta t$	$a_y\Delta t$			
14	24 0	RCL 0	x	$Cr^{-(n+1)}\Delta t$	$a_y\Delta t$		
15	61	$\times$	$a_x\Delta t$	$a_y\Delta t$			
16	24 4	RCL 4	t	$a_x\Delta t$	$a_y\Delta t$		
17	15 71	$g\,x = 0$	t	$a_x\Delta t$	$a_y\Delta t$		Test ob $t = 0$
18	13 37	GTO 37	t	$a_x\Delta t$	$a_y\Delta t$		
19	22	R↓	$a_x\Delta t$	$a_y\Delta t$			ist $a_x\Delta t/2$, $a_y\Delta t/2$ für $t = 0$
20	23 51 1	STO + 1	$a_x\Delta t$	$a_y\Delta t$			v_x vergrößert
21	22	R↓	$a_y\Delta t$				
22	23 51 3	STO + 3	$a_y\Delta t$				v_y vergrößert
23	24 5	RCL 5	Δt				
24	23 51 4	STO + 4	Δt				t vergrößert
25	24 1	RCL 1	v_x	Δt			
26	61	$\times$	$v_x\Delta t$				
27	23 51 0	STO + 0	$v_x\Delta t$				x vergrößert
28	24 0	RCL 0	x				
29	14 74	f PAUSE	x				x angezeigt
30	24 5	RCL 5	Δt				
31	24 3	RCL 3	v_y	Δt			
32	61	$\times$	$v_y\Delta t$				
33	23 51 2	STO + 2	$v_y\Delta t$				y vergrößert
34	24 2	RCL 2	y				
35	14 74	f PAUSE	y				y angezeigt
36	13 01	GTO 01	y				neue Schleife
37	22	R↓	$a_x\Delta t$	$a_y\Delta t$			
38	2	2	2	$a_x\Delta t$	$a_y\Delta t$		
39	71	$\div$	$a_x\Delta t/2$	$a_y\Delta t$			
40	21	$x \gtrless y$	$a_y\Delta t$	$a_x\Delta t/2$			
41	2	2	2	$a_y\Delta t$	$a_x\Delta t/2$		
42	71	$\div$	$a_y\Delta t/2$	$a_x\Delta t/2$			
43	21	$x \gtrless y$	$a_x\Delta t/2$	$a_y\Delta t/2$			
44	13 20	GTO 20	$a_x\Delta t/2$	$a_y\Delta t/2$			Fortsetzung der ersten Schleife

4.1 Bewegung auf einer Kreisbahn

Zahlenwerte:

$$x_0 = 1 \quad y_0 = 0 \quad t_0 = 0 \quad \Delta t = 0{,}1 \quad C = -1 \quad n = -2 \quad v_{x,0} = 0 \quad v_{y,0} = 1$$

Mit dem HP-33E werden alle obigen Parameter in den angegebenen Registern gespeichert, mit einer Ausnahme: nicht n, sondern $-(n+1)$ wird im entsprechenden Speicherregister abgelegt. Dasselbe gilt für den TI-57, ausgenommen daß $-(n+1)$ an der aus der Programmtabelle ersichtlichen Stelle in das Programm einbezogen wird. Die Ausgangsposition des Satelliten wird durch die Ortskoordinaten $x_0 = 1$ und $y_0 = 0$ angegeben; die Anfangsgeschwindigkeit, deren Komponenten $v_{x,0} = 0$ und $v_{y,0} = 1$ sind, steht senkrecht auf der Verbindungslinie vom Zentralkörper zum Satelliten. Dies ist natürlich eine notwendige wenn auch nicht hinreichende Bedingung, damit man eine Kreisbahn erhält.

Die Ergebnisse sind in Bild 4-3 dargestellt. Bemerkenswert ist zunächst, daß die Kraft mit der $1/r^2$-Abhängigkeit tatsächlich eine geschlossene, in diesem Falle kreisförmige Bahnkurve ergibt. Um einen Körper mit Geschwindigkeit v auf einer Kreisbahn mit Radius r zu halten, muß eine Beschleunigung $a = v^2/r$, die sogenannte *Zentripetalbeschleunigung*, auf den Körper wirken, und zwar radial zum Zentrum gerichtet. Nach den Newtonschen Gesetzen muß die Beschleunigung $a = C/r^2$ sein (Gleichung 4-3). Befriedigt können wir feststellen, daß sich mit dieser Kreisbahn für die beiden unabhängigen Ausdrücke der Beschleunigung der gleiche Wert (nämlich 1) ergibt. Die für einen Umlauf benötigte Zeit beträgt gerundet 6,3 Zeiteinheiten, wie wir es erwarten können. Mit einer Geschwindigkeit von einer Radiuslänge pro Zeiteinheit, muß die Bahnlänge eines Umlaufs von $2\pi r$ in 2π (oder 6,28) Zeiteinheiten zurückgelegt werden.

Wir wollen uns jetzt vorstellen, der Zentralkörper sei unsere Sonne, der umlaufende Körper sei unsere Erde, die sich in einem mittleren Abstand von einem Erdbahnradius

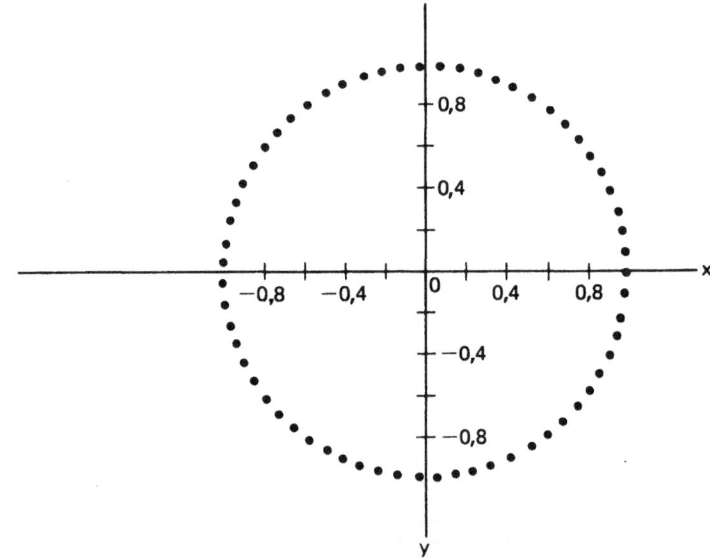

Bild 4-3 Eine Kreisbahn mit $x = 1$, $v_{x,0} = 0$, $y_0 = 0$, $v_{y,0} = 1$, $t_0 = 0$, $\Delta t = 0{,}1$, $C = -1$, $n = 2$

(= eine Astronomische Einheit = 1 AE) auf einer fast kreisförmigen Bahn um die Sonne bewegt. In diesem Fall bedeutet der für r gewählte Wert ($r = 1$) 1 AE. Ebenso muß der für v gewählte Wert (nämlich $v = 1$) der Geschwindigkeit von einem Bahnumfang pro Jahr (abgekürzt: a) entsprechen. Diese Geschwindigkeit beträgt 2π AE/a oder 1 AE/0,159 a. Da die berechnete Umlaufzeit von 6,28 Zeiteinheiten ein Jahr ist, muß die Zeiteinheit des Rechners ($1/2\pi$) Jahre oder 0,159 a sein. Weiterhin, da $C = -GM$ mit G = Gravitationskonstante und M = Masse des Zentralgestirns, ist für jede mit $C = -1$ berechnete Umlaufbahn die Zeit dividiert durch 6,28 gleich der Umlaufbahn in Jahren, die ein die Sonne umkreisender Körper auf einer solchen Bahn hätte.

4.2 Schrittweise Annäherung an eine Umlaufbahn

Zahlenwerte:

$$x_0 = 4 \quad y_0 = 0 \quad t_0 = 0 \quad \Delta t = 1{,}033 \quad C = -1 \quad n = 2 \quad v_{x,0} = 0 \quad v_{y,0} = 0{,}3183$$

Betrachten wir einen Kometen, dessen Anfangsentfernung von der Sonne 4 AE beträgt, und dessen Anfangsgeschwindigkeit von 2 AE/a senkrecht auf der Verbindungslinie Sonne — Komet steht. Das Zeitintervall, für das jeweils neue Werte berechnet werden sollen, betrage 60 Tage.

Für die Rechnung mit unserem Satellitenprogramm, bei dem wie im ersten Beispiel $C = -1$ ist, ist die Anfangsgeschwindigkeit des Kometen von 2 AE/a als $v_{y,0} = 2$ AE/ (6,28 Zeiteinheiten) oder $v_{y,0} = 0{,}3183$ auszudrücken, da mit $C = -1$ einem Jahr der Wert von 6,28 Zeiteinheiten entspricht. Auch das Δt von 60 Tagen ist umzurechnen in 60/365 Jahre oder (60/365) · (6,28 Zeiteinheiten).

Mit diesen Parametern liefert das Programm die in Bild 4-4 dargestellten Ergebnisse. Wie Sie sehen, schließt sich die Bahnkurve nicht, mitlerweile sollten Sie vermuten können

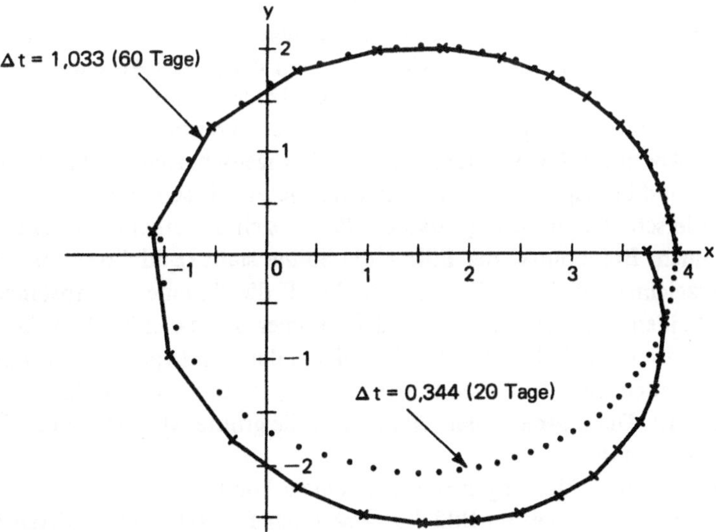

Bild 4-4 Näherung einer Bahnkurve mit $x_0 = 4$, $v_{x,0} = 0$, $y_0 = 0$, $v_{y,0} = 0{,}3183$, $t_0 = 0$, $\Delta t = 1{,}033$, $C = -1$, $n = 2$

warum. Im gleichen Bild sehen Sie eine Umlaufbahn, die sich schließt. Diese wurde mit den gleichen Parametern berechnet, außer daß der Δt-Wert nur ein drittel so groß gewählt wurde wie bei der Bahn, die nicht in sich selbst überging.

Zur Behandlung von Körpern in Umlaufbahnen um die Sonne kann das Programm auch mit etwas üblicheren Zeit- und Geschwindigkeitseinheiten betrieben werden, als denen, die aus der Wahl von $C = -1$ resultieren. Für einen Körper, der sich mit gleichförmiger Geschwindigkeit v auf einer Kreisbahn mit Radius r bewegt, ist der Wert von v gleich dem Bahnumfang $2\pi r$ dividiert durch die Umlaufzeit T, also $v = 2\pi r/T$. Setzt man diesen Wert für v in den Ausdruck für die Zentripetalbeschleunigung $a = v^2/r$ ein, so ergibt sich $a = 4\pi^2 \cdot r/T^2$. Durch Gleichsetzen dieses Ausdruckes für die Beschleunigung eines Körpers auf einer Kreisbahn mit der Gravitationsbeschleunigung $a = C/r^2$ (Gleichung 4-1) erhält man nach Auflösen $C = 4\pi^2 \cdot r^3/T^2$. Wären in dieser Gleichung r und T gleich 1, hätte C natürlich den Wert $4\pi^2$ oder $C = 39,48$. Da ein bekannter Körper, nämlich die Erde, die Sonne auf einer fast kreisförmigen Bahn mit Radius $r = 1$ AE in einer Umlaufzeit von 1 a umkreist, ermöglicht uns die Wahl von $C = -39,48$ für irgendein Objekt, das die Sonne umläuft, die Einheiten AE, a und AE/a für Länge, Zeit bzw. Geschwindigkeit zu benutzen. Mit der Wahl von $C = -39,48$ sollten Sie also die gleiche Bahn wie zuvor erhalten, wenn Sie $v_{y,0} = 2$ (AE/a) und $\Delta t = 60/365$ (Jahre) $= 0,1644$ (Jahre) verwenden und alle übrigen Parameter ungeändert lassen. Sie können auch einmal andere Anfangswerte des Abstands und der Geschwindigkeit einsetzen oder die von anderen Planeten, Asteroiden oder Kometen verwenden.

4.3 Darstellung der Keplerschen Gesetze

Zahlenwerte:

a) $x_0 = 1$ $v_{x,0} = 0$ $y_0 = 0$ $v_{y,0} = 0,75$ $t_0 = 0$ $t = 0,1$ $C = -1$ $n = 2$
b) $x_0 = 1$ $v_{x,0} = 0$ $y_0 = 0$ $v_{y,0} = 1,25$ $t_0 = 0$ $t = 0,1$ $C = -1$ $n = 2$

Die Programmparameter in den beiden obigen Fällen a) und b) unterscheiden sich in der Komponente der Anfangsgeschwindigkeit $v_{y,0}$ von denen des Abschnitts 4.1. Die beiden nicht kreisförmigen Bahnen, die man mit diesen beiden Gruppen von Randbedingungen erhält, sind in Bild 4-5 dargestellt. Außerdem ist die Kreisbahn eingezeichnet, die wir im Beispiel aus Abschnitt 4.1 gefunden haben. Die Eigenschaften all dieser Umlaufbahnen werden kurz und bündig durch die Keplerschen Gesetze beschrieben.

Das erste Keplersche Gesetz besagt, daß ein Planet sich auf einer elliptischen Bahn bewegt, wobei in einem Brennpunkt der Ellipse die Sonne steht (Bild 4-6a). Eine Ellipse ist dadurch gekennzeichnet, daß für alle ihrer Punkte P die Summe der Abstände $\overline{PF_1}$ und $\overline{PF_2}$ von den beiden Brennpunkten F_1 und F_2 immer den gleichen Wert $2a$ ergibt, d.h. $\overline{PF_1} + \overline{PF_2} = 2a$. Wenn Sie sich den Punkt P in einem der Schnittpunkte der durch F_1 und F_2 gehenden Geraden mit der Ellipsenkurve denken, sehen Sie leicht, daß die Länge dieser Linie gleich $2a$ ist. Diese Strecke der Länge $2a$ ist die größte Abmessung der Ellipse, man nennt sie die Hauptachse.

Durch einige sorgfältige Messungen mit dem Lineal können Sie überprüfen, daß die beiden nicht kreisförmigen Bahnen im Bild 4-5 tatsächlich Ellipsen sind, in deren einem Brennpunkt die Sonne steht. Die Sonne befindet sich für alle diese Bahnen im Punkt $(x = 0, y = 0)$, die Lage des anderen Brennpunkts ist von Bahn zu Bahn verschieden, in

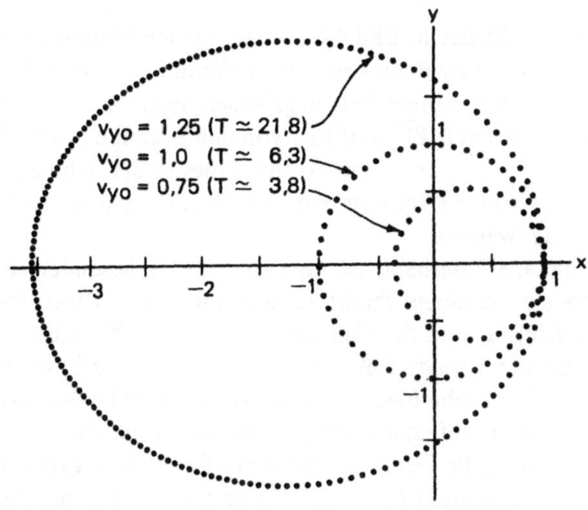

Bild 4-5 Darstellung der Keplerschen Gesetze; für alle Bahnen ist $x_0 = 1$, $v_{x,0} = 0$, $y_0 = 0$, $t_0 = 0$, $\Delta t = 0,1$, $C = -1$, $n = 1$

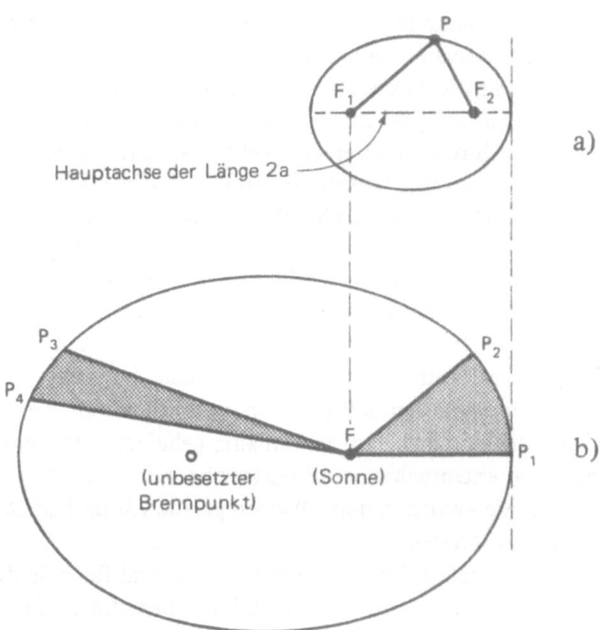

Bild 4-6a Keplers erstes Gesetz: elliptische Bahnen mit der Sonne in einem Brennpunkt

Bild 4-6b Keplers zweites Gesetz: in gleichen Zeiten werden gleiche Flächen überstrichen

Bild 4-5 ist sie nicht eingetragen. Mit der in Bild 4-6a verdeutlichten Symmetrie können Sie die Lage des anderen Brennpunkts jeder Bahn bestimmen. Wenn Sie für eine der beiden nicht kreisförmigen Bahnen beide Brennpunkte festgelegt haben, nehmen Sie einen Punkt P auf der Bahn und messen seine Abstände $\overline{PF_1}$ und $\overline{PF_2}$ von den Brennpunkten. Sie werden sehen, daß die Summe $\overline{PF_1} + \overline{PF_2} = 2a$ dem größten Durchmesser der Bahn entspricht. Ihre Vermutung, daß die Bahnkurve eine Ellipse ist, wird durch eine wiederholte Messung für einen anderen Punkt P bestätigt werden.

Die in Abschnitt 4.1 erhaltene Kreisbahn ist im Grunde eine besondere Ellipsenform: die beiden Brennpunkte sind in *einem* Punkt zusammengefallen. Dieser Punkt ist natürlich der Mittelpunkt des Kreises, und die Hauptachse $2a$ ist der Kreisdruchmesser.

Das zweite Keplersche Gesetz besagt, daß die gerade Verbindungslinie zwischen Sonne und Planet in gleichen Zeiten gleiche Flächen überstreicht. In Bild 4-6b bezeichnen P_1 und P_2 die Orte eines Planeten zu aufeinanderfolgenden Zeiten. Ist das Zeitintervall zwischen diesen Zeiten klein, so bildet die Fläche des Dreiecks FP_1P_2 eine gute Näherung für die von der Linie Sonne (im Brennpunkt F) – Planet überstrichene Fläche. Weiterhin ist in Bild 4-6b das Dreieck FP_3P_4 dargestellt, dessen Punkte P_3 und P_4 aufeinanderfolgende Positionen des Planeten seien. Das zweite Gesetz besagt nun, daß die beiden Dreiecksflächen gleich groß sind, wenn die Zeitintervalle zwischen P_1 und P_2 bzw. P_3 und P_4 gleich sind.

Offensichtlich ist das zweite Gesetz für die Kreisbahn in Bild 4-5 erfüllt. Für eine der Ellipsenbahnen können Sie seine Gültigkeit beweisen, indem Sie die Flächen zweier Dreiecke, die zu gleich großen Zeitintervallen gehören, ausmessen. Wählen Sie dazu ein Zeitintervall von etwa $4\Delta t = 0{,}4$ damit die Eckpunkte des Dreiecks einerseits weit genug auseinanderliegen, um eine genaue Messung zu ermöglichen, aber andererseits nicht zu weit, damit die überstrichene Fläche durch die Dreiecksfläche noch gut angenähert wird. Zeichnen Sie das Dreieck und messen Sie seine Grundlinie und seine Höhe. Die Fläche berechnet sich dann als halbe Grundlinie mal Höhe. Die gleiche Rechnung für ein anderes Dreieck wird Ihnen das gleiche Ergebnis liefern (im Rahmen Ihrer Meßgenauigkeit).

Das dritte Gesetz von Kepler besagt, daß das Verhältnis des Quadrats der Umlaufzeit T zur dritten Potenz der großen Halbachse a für alle Planeten, die sich um ein Zentralgestirn (Sonne) drehen, konstant (gleich der Konstanten k) ist: $T^2/a^3 = k$. Für die drei Bahnen in Bild 4-5 sind Näherungswerte für T (die für einen Umlauf benötigte Zeit) angegeben. Sie wurden erhalten, indem das laufende Programm gestoppt wurde, nachdem es den letzten Punkt zur Vervollständigung eines ganzen Umlaufs geliefert hatte, und dann der letzte Wert für die Zeit aus dem entsprechenden Register abgerufen wurde. Einen genaueren T-Wert erhalten Sie, wenn Sie zwischen den t-Werten gerade vor und gerade nach Vervollständigung eines Umlaufs interpolieren.

Dieses Gesetz können Sie nachprüfen, indem Sie mit dem Lineal für jede der drei Bahnkurven in Bild 4-5 den Wert a messen und dann a^3 bilden. Berechnen Sie nun für jede Bahn T^2 – und Sie werden sehen, daß T^2/a^3 tatsächlich für alle Umlaufbahnen den gleichen Wert hat.

Wie schon früher gesagt, müssen zwei Bedingungen erfüllt sein, damit die Bahnkurve eines Planeten kreisförmig wird: (1) zu einem beliebigen Zeitpunkt muß sich der Planet senkrecht zur Verbindungslinie Sonne – Planet bewegen, d.h. die Bewegung verläuft zu jedem Zeitpunkt in Richtung der Tangente eines Kreises. (2) Die Planetengeschwindigkeit muß sich zu seiner Entfernung r von der Sonne so verhalten, daß die Zentripetalbeschleunigung (v^2/r, radial zur Sonne im Mittelpunkt des Kreises gerichtet) des Planeten multipliziert mit seiner Masse m, gleich der Gravitationskraft F ist, die die Sonne auf den Planeten ausübt, d.h. $mv^2/r = Cm/r^2$ oder $v^2/r = C/r^2$. Das Newtonsche Bewegungsgesetz besagt, daß sich dann der Planet mit konstanter Geschwindigkeit v auf einem Kreis mit Radius r weiterbewegt, da die auf ihn wirkende Kraft gleich dem Produkt seiner Masse und seiner Zentripetalbeschleunigung ist. Wie man aus der obigen Gleichung, die dieses Gleichgewicht ausdrückt, erkennt, ist für die Bewegung auf einer Kreisbahn notwendig, daß $|C| = rv^2$ gilt. Mit den Einheiten, mit denen $C = -1$ ist, müßte sich mit einer Anfangsentfernung von $r = 1$ und einer Anfangsgeschwindigkeit von $v = 1$ eine Kreisbahn ergeben, wie es in Abschnitt 4.1 tatsächlich gezeigt wurde.

Wenn die Anfangsgeschwindigkeit etwas größer als diejenige ist, die zu einer Kreisbahn führt, wäre eine größere Gravitationskraft erforderlich, als sie bei diesem Sonnenabstand zur Verfügung steht, um den Planeten auf einer Kreisbahn zu halten. Unter diesen Umständen zwingt die Trägheit (das ist das Bestreben eines Körpers, seine Bewegung mit gleicher Geschwindigkeit und Richtung fortzusetzen) den Planeten auf eine elliptische Bahn, die außerhalb der Kreisbahn verläuft. Wenn die Anfangsgeschwindigkeit dagegen etwas kleiner ist als die der Kreisbahn, passiert das Gegenteil, und die Gravitationskraft zwingt den Planeten auf eine elliptische Bahn, die innerhalb der Kreisbahn liegt.

Das zweite Keplersche Gesetz rührt von der Tatsache her, daß auf den Planeten immer eine zur Sonne gerichtete Kraft wirkt. Daher kann die Kraft kein Drehmoment auf den Planeten ausüben, um so den Drehimpuls des Planeten in seiner Bewegung um die Sonne zu verändern. Der *Drehimpuls* ist das Produkt aus Planetenmasse, dem Abstand Sonne — Planet und der Geschwindigkeitskomponente des Planeten senkrecht zu der Verbindungslinie Sonne — Planet. Da kein Drehmoment ausgeübt wird, ist der Drehimpuls konstant, und deshalb muß, wenn die Verbindungslinie von der Sonne zum Planeten lang ist, seine Geschwindigkeit senkrecht dazu klein sein und umgekehrt. Sie können das nachprüfen, indem Sie das Programm anhalten, wenn der Planet nahe der x- oder y-Achse ist, so daß die benötigte Geschwindigkeitskomponente einfach v_y oder v_x ist. Multiplizieren Sie also die aus den entsprechenden Registern abgerufenen Werte der Geschwindigkeitskomponente und des Abstands für verschiedene Schnittpunkte der Bahnkurve mit einer Achse und Sie werden sehen, daß dieses Produkt konstant ist. Das zweite Keplersche Gesetz ist eine Konsequenz dieser Tatsache, da das Produkt des Abstands Sonne — Planet und der dazu senkrechten Geschwindigkeitskomponente ein Maß für die pro Zeiteinheit von der Verbindungslinie überstrichene Fläche darstellt.

Die Aussage des dritten Keplerschen Gesetzes versteht man besser, wenn man bedenkt, daß die Länge einer Bahnkurve außerhalb der Kreisbahn vergrößert wird und die mittlere Geschwindigkeit kleiner ist. Man sieht das sofort, wenn man die Abstände benachbarter Punkte der Kurven in Bild 4-5 als Maß für die Geschwindigkeit des Planeten betrachtet. Aus diesen beiden Gründen ist die Umlaufzeit T für die größere Ellipse größer als für die Kreisbahn. Entsprechend ist für die Ellipse, die innerhalb der Kreisbahn liegt, die Umlaufzeit kleiner als für die Kreisbahn.

Im speziellen Fall eines Körpers auf einer Kreisbahn, wobei $|C| = rv^2$ gilt, läßt sich das dritte Keplersche Gesetz besonders leicht ableiten. Die Planetengeschwindigkeit ist Bahnumfang dividiert durch Umlaufzeit, also $v = 2\pi r/T$. Setzt man diesen Wert für v in die vorige Gleichung ein, erhält man sofort einen Ausdruck von der Form des dritten

Keplerschen Gesetzes: $|C| = 4\pi^2 \, r^3/T^2$; dies sagt aus, daß T^2/r^3 oder T^2/a^3 für alle Satelliten auf Kreisbahnen um den selben Zentralkörper den gleichen Wert hat.

Die drei Keplerschen Gesetze gelten für die Bewegung von Satelliten um einen Planeten genauso wie für die Bewegung von Planeten um die Sonne. Sie sind eine Konsequenz aus der Form des Graviationskraftgesetzes, das auch die Kraft zwischen Planeten und ihren Satelliten beschreibt.

4.4 Fluchtbahnen

Zahlenwerte:

$$x_0 = 1 \quad y_0 = 0 \quad t_0 = 0 \quad \Delta t = 0,1 \quad C = -1 \quad n = 2 \quad v_{x,0} = 0 \quad v_{y,0} = 1,5$$

Für jeden gegebenen Anfangsabstand r vom Zentralkörper kann man einem Satelliten eine Geschwindigkeit geben, die senkrecht steht zur Linie, die ihn mit dem Zentralkörper verbindet, und die so groß ist, daß der Satellit nicht auf einer geschlossenen Umlaufbahn gehalten werden kann. Wir sagen dann, der Satellit sei auf einer Fluchtbahn. Die gleiche Anziehungskraft, die bei einer kleineren Geschwindigkeit ausreichen würde, ihn so abzubremsen und abzulenken, daß er auf einer elliptischen Bahn bliebe, schafft das nun nicht mehr. Die Ursache dafür ist nicht, daß jetzt die Kraft für eine bestimmte Entfernung kleiner wäre, sondern daß bei der höheren Geschwindigkeit des Satelliten die Kraft in jedem Wegintervall weniger Zeit hat, auf ihn einzuwirken.

Man kann diese Situation genausogut an Hand der Energie statt der Kraft diskutieren. Bei jeder Entfernung r vom Zentralkörper hat der Satellitenkörper dann eine endliche Energie pro Masseneinheit, die ausreicht, um ihn vollständig (d.h. auf unendliche Entfernung) von dem anziehenden Zentralkörper wegzubewegen. Das überrascht Sie vielleicht, da es keine endliche Entfernung gibt, für die die Anziehungskraft Null wäre. Aber der schnelle Abfall der Kraft mit der Entfernung ($1/r^2$-Gesetz) macht ein Entkommen gegen das Kraftfeld möglich. Der Energiebetrag E, der gerade ausreicht, um ein Objekt der Masse m in Entfernung r aus der Bindung an einen Zentralkörper der Masse M zu befreien, ist durch einen besonders einfachen Ausdruck gegeben:

$$E = GMm/r$$

oder

$$E = -Cm/r \tag{4-6}$$

Die Bewegungsenergie K eines Körpers der Masse m auf einer Kreisbahn mit Radius r um einen solchen Zentralkörper ist gegeben durch:

$$K = \frac{1}{2} \cdot \frac{GMm}{r}$$

oder

$$K = \frac{1}{2} \cdot \left(-\frac{Cm}{r} \right) \tag{4-7}$$

Sie erkennen daraus, daß ein Körper, der sich auf einer Kreisbahn um einen Zentralkörper bewegt, schon genau die halbe (Bewegungs-) Energie hat, die für eine „Flucht" nötig ist. Da die Bewegungsenergie eines Körpers proportional zum Quadrat seiner Geschwindigkeit ist ($K = 1/2 \, mv^2$), muß man, um dem Körper für einen gegebenen Wert von r die Fluchtenergie zu geben, nur seine Geschwindigkeit auf einen Wert erhöhen, mit dem das neue v^2 doppelt so groß ist wie das v^2 der Kreisbahn. Zur Veranschaulichung sei gesagt, daß die Geschwindigkeit eines Erdsatelliten auf einer Kreisbahn wenig über der Erdatmosphäre etwa 7,9 km/s beträgt, während die Fluchtgeschwindigkeit von dieser Erdentfernung aus ungefähr 11,2 km/s beträgt. Sie sehen leicht, daß das Quadrat des zweiten Wertes etwa doppelt so groß wie das Quadrat der ersten Geschwindigkeit ist. Ein zweites Beispiel dieser Beziehung ist die Tatsache, daß die Geschwindigkeit der Erde auf ihrer Bahn um die Sonne etwa 30 km/s beträgt und die Fluchtgeschwindigkeit bei diesem Sonnenabstand — er beträgt 1 AE — $\sqrt{2} \cdot 30$ km/s oder etwa 42 km/s ist. In diesem Zusammenhang ist interessant, daß ein Körper, der von weit entfernt aus dem All auf die Sonne „zufällt", bei Erreichen der Erdbahn genau diese Geschwindigkeit hat. Dagegen hätte ein Körper, der von weit weg auf die Sonne „geschossen" würde, bei Erreichen der Erdbahn eine größere Geschwindigkeit. Bisher wurden noch nie Kometen oder Meteore beobachtet, die eine größere Geschwindigkeit als diese Fluchtgeschwindigkeit gehabt hätte, als sie unseren Abstand von der Sonne erreichten.

Bild 4-7 zeigt die Flugbahn, die mit den am Anfang dieses Abschnittes gegebenen Parametern berechnet wurde. Diese Parameter sind bemerkenswerterweise genau die gleichen wie bei der Kreisbahn, außer daß die Anfangsgeschwindigkeit $v_{y,0}$ hier 1,5 mal so groß ist. Die erhaltene Kurve ist kein Teilstück einer Ellipse, sondern hat hyperbolische Form. Die Flugbahn, die man mit dem $\sqrt{2}$ mal so großen $v_{y,0}$ als dem der Kreisbahn erhalten würde, wäre parabolisch. Es wird Sie nicht überraschen, daß die elliptischen, parabolischen oder hyperbolischen Kurvenstücke, die man je nach Wahl von $v_{y,0}$ (kleiner, gleich oder größer als der entsprechende Wert der Kreisgeschwindigkeit) erhält, schwer zu unterscheiden sind.

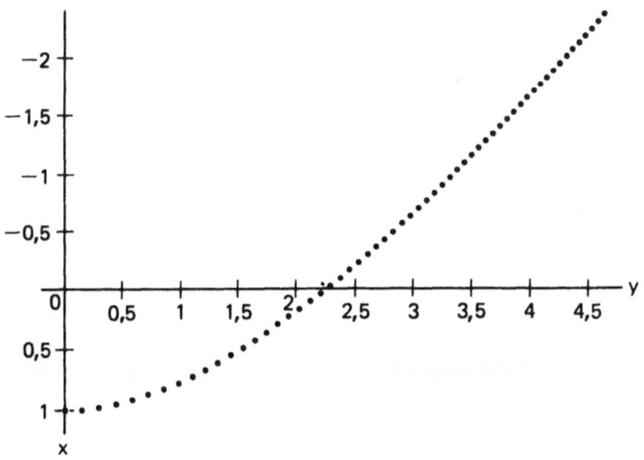

Bild 4-7 Fluchtbahn mit $x_0 = 1$, $v_{x,0} = 0$, $y_0 = 0$, $v_{y,0} = 1,5$, $t_0 = 0$, $\Delta t = 0,1$, $C = -1$, $n = 2$

4.5 Präzession der Umlaufbahn

Kraftgesetz: $\quad F = \dfrac{GMm}{r^n} = -Cm\,\dfrac{1}{r^n}$

Zahlenwerte:

$x_0 = 1 \quad y_0 = 0 \quad t_0 = 0 \quad \Delta t = 0{,}1 \quad v_{x,0} = 0 \quad v_{y,0} = 0{,}75 \quad C = -1 \quad n = 2{,}3$

Dieses Beispiel untersucht die Bewegung eines Körpers unter dem Einfluß einer Zentralkraft, deren Kraftgesetz etwas von dem $1/r^2$-Gesetz abweicht. Im Gegensatz zu allen gebundenen Zuständen, die dem Kraftgesetz mit $n = 2$ gehorchen, geht die Bahnkurve für $n = 2{,}3$ nicht nach einem Umlauf in sich selbst über. Den Bahnverlauf sehen Sie in Bild 4-8 dargestellt. Man kann sich die Kurve als eine Ellipse vorstellen, deren Hauptachse sich von einem Umlauf zum nächsten etwas dreht, und zwar in die gleiche Richtung, in die der Körper sich bewegt. Der Ort auf der Bahn, an dem der umlaufende Körper dem Zentralkörper am nächsten kommt (Perihel), verlagert sich beispielsweise von Umlauf zu Umlauf in die gleiche Richtung, in der der Umlaufkörper sich bewegt.

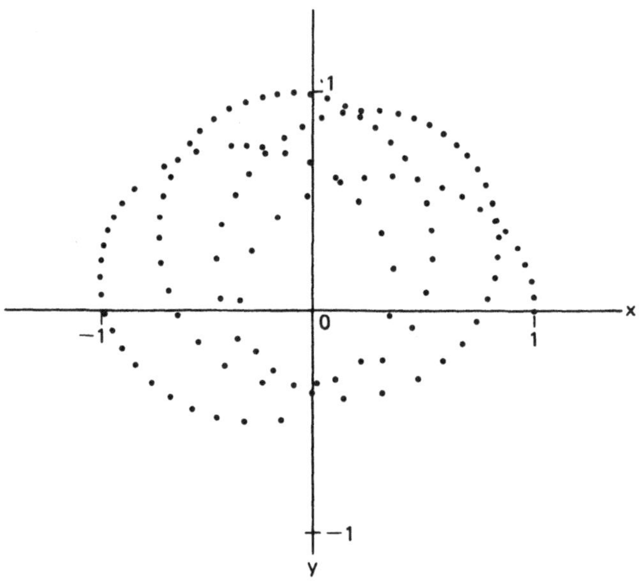

Bild 4-8 Präzession der Bahn mit $1/r^{2,3}$-Kraftgesetz; $x_0 = 1$, $v_{x,0} = 0$, $y_0 = 0$, $v_{y,0} = 0{,}75$, $t_0 = 0$, $\Delta t = 0{,}1$, $C = -1$, $n = 2{,}3$

Dieses Phänomen ist als Präzession bekannt, ein Beispiel wurde in der Perihel-Präzession des Planeten Merkur beobachtet. Merkur ist der der Sonne am nächsten stehende Planet. In der Umgebung des Perihels kommt er ihr nahe genug, um einen Effekt zu zeigen, der gut durch Anwendung eines Gravitationsgesetzes mit stärkerer r-Abhängigkeit als das $1/r^2$-Gesetz simuliert werden kann: Der durch die Einsteinsche allgemeine Relativitätstheorie erklärte Effekt folgt aus der Krümmung des Raumes in der

Nähe einer großen Masse, wie sie die Sonne darstellt. Auf Grund dieser Krümmung zieht Merkur auf einer stärker gekrümmten Bahn an der Sonne vorbei, als es unter der normalen $1/r^2$-Kraft im vollkommen ebenen Raum der Fall wäre. Diese verstärkte Bahnkrümmung in der Nachbarschaft der Sonne läßt die Umlaufbahn als Ganzes um die Sonne wandern und bewirkt so die Präzession des Perihels.

Das Rechenprogramm erzeugt nun eine solche Bahnkurve nicht mit $n = 2$ unter Berücksichtigung der Gleichungen von Einstein. Das überstiege bei weitem die Fähigkeiten des Rechners (wie auch die der Autoren). Stattdessen wenden wir die einfachen Gleichungen von Newton und den Wert $n = 2{,}3$ an, um die Perihel-Präzession zu simulieren. Das klappt deshalb, weil nach der Einsteinschen Theorie in Sonnennähe eine etwas größere Gravitation wirkt, als sie von dem $1/r^2$-Gesetz vorausgesagt wird — und genau das wird durch ein Kraftgesetz mit $n = 2{,}3$ beschrieben.

Um den Effekt zu verdeutlichen, ist der Betrag der Präzession der in Bild 4-8 gezeigten Bahnkurve übertrieben, da ein um 15 % vergrößertes n benutzt wurde. In Wirklichkeit beobachtet man ein Fortschreiten des Perihels des Merkur von $0{,}00025°$ pro Umlauf. Der größte Teil dieser Präzession wird von den $1/r^2$-Anziehungskräften der anderen Planeten verursacht. Aber trotzdem bleibt eine Perihel-Bewegung von $0{,}00003°$ pro Umlauf, die nicht durch den Einfluß der anderen Planeten erklärbar ist und daher tatsächlich als Effekt der allgemeinen Relativitätstheorie erscheint. Dies ist eine der am besten beobachtbaren Bestätigungen der Einsteinschen Theorie.

Es gibt einige weitere interessante Bahnen zu studieren, die nicht durch ein $1/r^2$-Gesetz bestimmt sind. Für $n = 0$ ist die den sich bewegenden Körper auf das Zentrum hin ziehende Kraft unabhängig von der Entfernung vom Zentrum. Ein solches Kraftgesetz gilt für eine umlaufende Scheibe auf einem Luftkissentisch, die unter dem Einfluß einer Kraft steht, die über eine Umlenkrolle im Zentrum von einem hängenden Gewichtstück geliefert wird (Bild 4-9). Für $n = -1$ wäre die Zentralkraft zur Entfernung r direkt proportional. Näherungsweise gilt dies für die reibungsfreie Scheibe von vorher, die diesmal durch eine kurze, aber stark dehnbare Feder mit einem glatten Nagel im Zentrum verbunden ist. Berechnen Sie doch für jedes dieser Kraftgesetze einige Umläufe und vergleichen Sie die Präzession mit der in Bild 4-8 dargestellten.

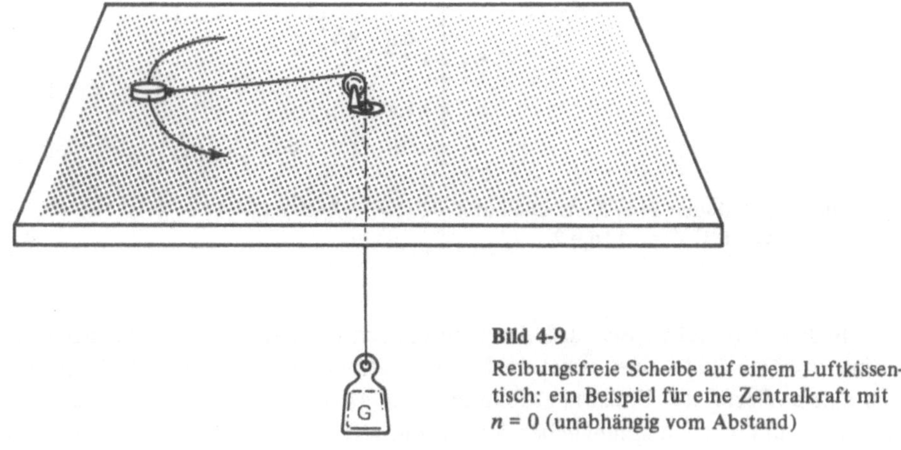

Bild 4-9

Reibungsfreie Scheibe auf einem Luftkissentisch: ein Beispiel für eine Zentralkraft mit $n = 0$ (unabhängig vom Abstand)

4.6 Stabilität von kreisförmigen Umlaufbahnen

An dieser Stelle wollen wir den Einfluß von Störungen auf die Plantenbewegung betrachten. Wir untersuchen dabei Bewegungen, die entweder dem Kraftgesetz mit $n = 2$ oder mit $n = 3$ unterliegen.

a) Kraftgesetz mit n = 2

Geben Sie die Parameter von Abschnitt 4.1 ein, die zu der Kreisbahn geführt haben, und lassen Sie einmal die Umlaufbahn durchlaufen. Stoppen Sie den Rechner beim ersten Punkt des zweiten Umlaufs und addieren Sie 0,1 zum Register, das v_x enthält (durch Drücken von **.1 SUM 1** beim TI-57 bzw. **.1 STO + 1** beim HP-33E). Setzen Sie dann den Programmablauf fort.

Damit wird eine wichtige Frage berührt: was passiert, wenn die Bewegung eines Satelliten oder Planeten gestört wird, beispielsweise durch einen Meteor oder Kometen? Das berechnete Verhalten wird in Bild 4-10 gezeigt. Zuerst befand sich der Satellit auf einer Kreisbahn mit Radius $r = 1$. Als er den Punkt $x = 1$, $y = 0$ durchlief, wurde er von einem sich radial nach außen bewegenden Objekt getroffen und erhielt dadurch eine zusätzliche, radial nach außen gerichtete Geschwindigkeitskomponente, d.h. eine Geschwindigkeit in positive x-Richtung.

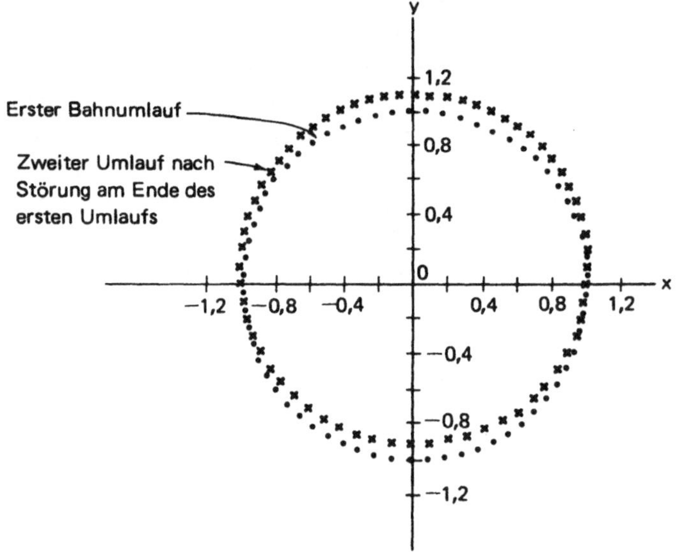

Bild 4-10 Stabilität einer Kreisbahn mit $n = 2$ ($1/r^2$ − Kraft); $x_0 = 1$, $v_{x,0} = 0$, $y_0 = 0$, $v_{y,0} = 1$, $t_0 = 0$, $\Delta t = 0,1$, $C = -1$, $n = 2$

In Bild 4-10 sehen Sie, daß der ursprünglichen Satellitenbewegung nach dem Zusammenstoß zunächst eine radial nach außen gerichtete Bewegung überlagert war, die nach einem Viertel des Umlaufs abgebremst war. Dann folgte eine nach innen gerichtete Bewegung zurück zur ursprünglichen Kreisbahn. Mit der Fortsetzung der Umlaufbahn erwies sich die radiale Bewegung als eine kleine Schwingung um die anfängliche Kreisbahn mit Radius $r = 1$. Man kann daher schließen, daß die Bahn eines Satelliten unter dem Einfluß einer $1/r^2$-Kraft im folgenden Sinne stabil ist: Bei einer Störung der Satellitenbewegung durch einen Zusammenstoß ändert sich seine Umlaufbahn, wenn auch nicht drastisch. Nach einem radial nach außen gerichteten Stoß bewegt er sich nicht für immer bis zum Unendlichen radial nach außen. Stattdessen führt seine Bahn nur eine kleine radiale Schwingung aus. Wie man sieht, ist die Zeit, die der Satellit für eine vollständige radiale Schwingung benötigt, gleich der für einen vollständigen Umlauf benötigten Zeit, und die gestörte Umlaufbahn schließt sich daher. Die gestörte Bahn ist eine Ellipse, was Sie, wie im ersten Beispiel dieses Kapitels beschrieben, nachmessen können. Können Sie erklären, warum die gestörte Bahn eine Ellipse sein muß? Die Addition einer radial nach innen gerichteten Geschwindigkeitskomponente ergibt ein im wesentlichen gleiches Verhalten wie das in Bild 4-10 dargestellte. Können Sie die Art der Bahnänderung vorhersagen, die aus einem Zusammenstoß des Satelliten mit einem von hinten oder frontal von vorne kommenden Objekt resultiert? Sie können das berechnen, indem Sie 0,1 bzw. $-0,1$ zum v_y-Register addieren.

b) Kraftgesetz mit $n = 3$

Wenn Sie folgendes Beispiel durchrechnen, werden Sie sehen, daß eine Störung bei einem Kraftgesetz mit einer Entfernungsabhängigkeit proportional zu $1/r^3$ im Gegensatz zum obigen Beispiel zu instabilen Bahnen führt. Geben Sie folgende Parameter in Ihren Rechner ein:

$$x_0 = 1 \qquad y_0 = 0 \qquad v_{x,0} = 0 \qquad v_{y,0} = 1 \qquad t_0 = 0 \qquad \Delta t = 0,1 \qquad C = -1 \qquad n = 3$$

Berechnen Sie mit den obigen Parametern einen Umlauf auf der kreisförmigen Bahn. Halten Sie dann den Rechner beim ersten Punkt des zweiten Umlaufs an, und addieren Sie 0,1 zu v_x in das entsprechende Register, bevor Sie den Rechner weiterarbeiten lassen.

Das im Bild 4-11 dargestellte Ergebnis zeigt die vor Auftreten der Störung kreisförmige Umlaufbahn des Satelliten mit Radius $r = 1$. Obwohl hier mit $n = 3$ eine $1/r^3$-Kraft auf den Satelliten wirkt, ist die anfängliche Kreisbahn von der mit einer $1/r^2$-Kraft erhaltenen nicht zu unterscheiden. Ob die auf den Satelliten wirkende Kraft durch $F = Cr^{-2}$ oder durch $F = Cr^{-3}$ gegeben ist, in beiden Fällen ist mit $v = 1$ eine Kreisbahn mit $r = 1$ möglich, einfach deshalb, weil für $r = 1$ die Kraft F in beiden Fällen den gleichen Wert hat.

Die Bahnkurve des Satelliten, der einer $1/r^3$-Kraft unterworfen ist, ist jedoch nicht stabil! Das Bild zeigt, daß der Satellit seine nach außen gerichtete Bewegungskomponente unendlich lange beibehält, nachdem er einmal durch einen radial nach außen gerichteten Stoß gestört worden ist. Diese durch die Störung verursachte Bewegung überlagert sich mit der weitergeführten Umkreisung des Zentralkörpers zu einer spiralförmigen Bahn. Der Satellit fliegt auf diesem spiralförmigen Weg ins Unendliche davon.

Was glauben Sie, wird passieren, wenn der Stoß nach innen gerichtet ist? Sie können es ausprobieren, indem Sie $-0,1$ zum v_x-Register addieren. Aber denken Sie daran, daß Sie um der Rechengenauigkeit willen einen kleinen Δt-Wert benutzen müssen, wenn der Satellit sich dem Zentrum nähert, wo die auf ihn wirkende starke Kraft sich schnell ändert.

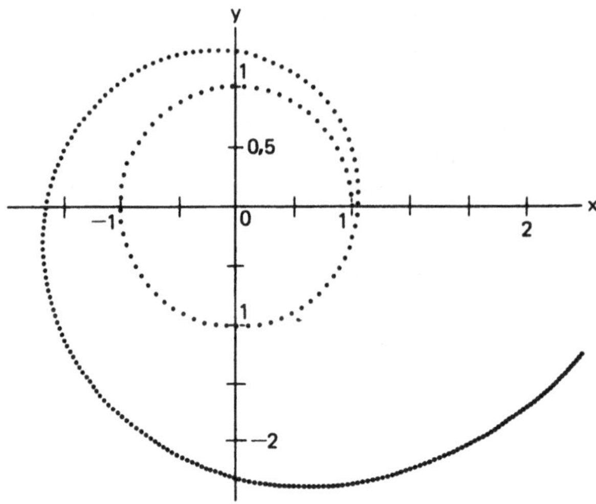

Bild 4-11 Instabilität einer Kreisbahn mit $n = 3$ ($1/r^3$ −Kraft); $x_0 = 1$, $v_{x,0} = 0$, $y_0 = 0$, $v_{y,0} = 1$, $t_0 = 1$, $\Delta t = 0{,}1$, $C = -1$, $n = 3$

Das Beispiel zeigt, daß die Existenz eines Sonnensystems unmöglich wäre, wenn die Gravitationskraft durch eine $1/r^3$- statt der $1/r^2$-Abhängigkeit geregelt wäre. Zwar wären theoretisch auch bei einem $1/r^3$-Kraftgesetz kreisförmige Planetenbahnen möglich, aber praktisch würde der Planet durch die kleinste Störung (z.B. durch einen Zusammenstoß mit einem Meteoriten) auf einer Spiralbahn aus dem Sonnensystem geführt — oder er würde auf die Sonne stürzen. Sind im ungestörten Fall unter der Regie einer $1/r^3$-Kraft nichtkreisförmige Bahnen möglich? Probieren Sie es mit $v_{y,0} = 1{,}1$. Untersuchen Sie auch die Stabilität der Kreisbahnen für $n = 0$ (die reibungsfreie Scheibe, die durch ein hängendes Gewicht nach innen gezogen wird) und für $n = -1$ (Kraftgesetz der Feder).

4.7 Auswirkung des Sonnenwindes auf einen Erdsatelliten

Verwenden Sie wieder die Kreisbahn-Parameter aus 4.1. Ändern Sie das Programm so ab, daß bei jedem Schleifendurchlauf die x-Komponente der Geschwindigkeit, v_x, um 0,001 vergrößert wird. Dies geschieht durch Einfügen von **.001 SUM 1** direkt nach Schritt 27 des TI-57-Programms bzw. durch Einfügen von **.001 STO + 1** direkt nach Schritt 22 des HP-33E-Programms. Beim HP-Rechner müssen Sie außerdem Schritt 18, **GTO 37**, durch **GTO 42** ersetzen. Beachten Sie die Anleitung für „Sonnenwind" unter der Ruprik „zur Beachtung" in der Satellitenprogrammtabelle. Bild 4-12 zeigt die durch dieses Programm erhaltenen Ergebnisse.

Es ist bekannt, daß die Erde und ihre Nachbarplaneten einem Strom ionisierter Gasteilchen, dem sogenannten Sonnenwind, ausgesetzt sind, der von der äußeren Sonnenatmosphäre ausgeht. Dieser Strom hat eine geringe Teilchenkonzentration, aber die Teilchen bewegen sich mit hoher Geschwindigkeit. Typische Werte des Sonnenwindes im Bereich der Erde sind eine Konzentration von 5 Atomen pro cm^3 und eine Geschwindigkeit

68

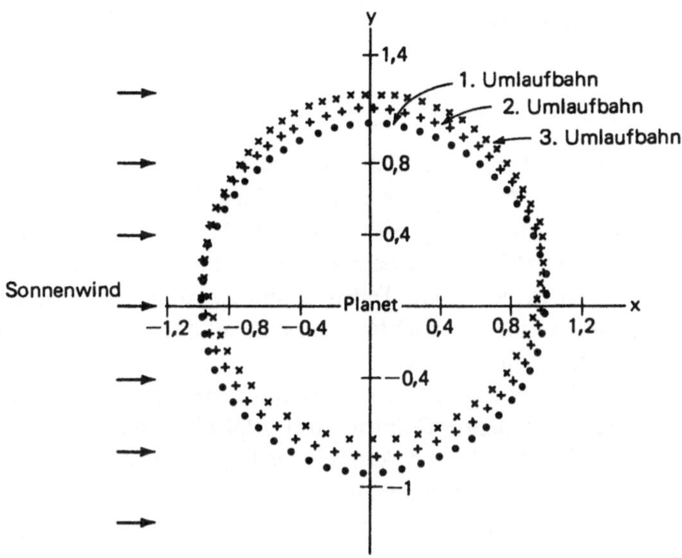

Bild 4-12 Sonnenwind in x-Richtung auf die ursprünglich kreisförmige Bahn; $x_0 = 1$, $v_{x,0} = 0$, $y_0 = 0$, $v_{y,0} = 1$, $t_0 = 0$, $\Delta t = 0{,}1$, $C = -1$, $n = 2$

von ungefähr 500 km/s. Die Gase eines Kometenschweifes werden übrigens durch diesen Sonnenwind und durch den Strahlungsdruck des Sonnenlichts von der Sonne weggetrieben. Normalerweise ist die Wirkung des Sonnenwinds auf umlaufende Körper gering. Der am ehesten in Erscheinung tretende Effekt des Sonnenwinds ist (außer der Auswirkung auf die Kometenschweife) eine Verzerrung der Magnetfelder von Planeten wie Erde und Jupiter. In bestimmten Fällen wurden jedoch Beeinflussungen der Umlaufbahnen von künstlichen Erdsatelliten beobachtet. Ein bemerkenswerter Fall war der der früheren Echo-Satelliten, großen Aluminium-verkleideten Ballonen mit einem Durchmesser, der mit der Höhe eines zehnstöckigen Gebäudes vergleichbar ist. Sie dienten als passive Radioreflektoren.

Ein wieterer Effekt des Sonnenwindes besteht in der Störung der Bewegung von Satelliten in erdsynchronen Umlaufbahnen, d.h. in Umlaufbahnen, auf denen ein Satellit über einem bestimmten Punkt auf der Erdoberfläche still zu stehen scheint. Die extrem überhöhte Kraft des Sonnenwinds, die wir hier verwenden, soll ihnen ein Gefühl für die Art (wenn auch nicht die Stärke) des wirklichen Sonnenwindeffekts geben.

Die Situation in Bild 4-12 sei so, daß die Sonne weit links stehe, und der von ihr ausgehende Sonnenwind eine permanente Kraft nach rechts auf den die Erde umkreisenden Satelliten ausübe. Mit anderen Worten, die Erde wird als im Punkt $x = 0$, $y = 0$ feststehend betrachtet und der Sonnenwind bewirkt eine Kraft parallel zu der positiven x-Achse. Dadurch wird die x-Komponente der Satellitengeschwindigkeit in jedem Zeitintervall um einen kleinen konstanten Betrag vergrößert. Der Rechner berücksichtigt das, indem er zur x-Komponente der Satellitengeschwindigkeit für das Zeitintervall jeder Schleife einen zusätzlichen Betrag addiert. Wie man in Bild 4-12 sieht, ist die interessante und vielleicht überraschende Reaktion auf diesen Stoß in positive x-Richtung eine Verschiebung der Bahn nicht in x-, sondern in y-Richtung.

69

4.8 Streuung von Alpha-Teilchen

Zahlenwerte:

$$x_0 = 3 \quad y_0 = 0,1 \quad t_0 = 0 \quad \Delta t = 0,1 \quad v_{x,0} = -2 \quad v_{y,0} = 0,1 \quad C = +1 \quad n = 2$$

Diese Anfangsparameter unterscheiden sich wesentlich von all den anderen, mit denen Sie bisher gearbeitet haben. Während $n = 2$ das mittlerweile vertraute $1/r^2$-Kraftgesetz zur Anwendung bringt, bedeutet der positive Wert von C, daß die Kraft abstoßend statt anziehend wirkt. Außerdem steht die Anfangsgeschwindigkeit hier nicht senkrecht auf der Verbindungslinie zwischen bewegtem Teilchen und Zentralkörper, sondern sie ist fast (aber nicht ganz) direkt auf ihn zu gerichtet. Man erkennt das aus dem Anfangsort $x_0 = 3$, $y_0 = 0,1$ und der Anfangsgeschwindigkeit $v_{x,0} = -2$.

Wir haben damit ein Rechenmodell für das historische Experiment, das Rutherford 1911 durchführte. Er beschoß eine dünne Goldfolie mit Alpha-Teilchen, die als Träger einer positiven Ladung mit hoher Geschwindigkeit von radioaktiven Materialien ausgesandt werden. Wie erwartet, wurden die allermeisten Alpha-Teilchen beim Durchgang durch die Goldfolie nur wenig abgelenkt. Völlig unerwarteter Weise erfuhren jedoch einige Alpha-Teilchen so starke Ablenkungen, wie sie in Bild 4-13 dargestellt sind. Dieses Phänomen sprach dafür, daß einige Alpha-Teilchen sich bis auf einen Abstand von einigen Zehntausendsteln eines Atomdurchmessers einer positiven Ladung innerhalb der Goldatome genähert hatten.

Die in Bild 4-13 aufgetragenen Punkte verdeutlichen das Streuereignis. Zunächst läuft das Alpha-Teilchen mit fast konstanter Geschwindigkeit nach innen, da es vom positiven Kern noch weit entfernt ist. Mit der weiteren Annäherung an den Kern wird

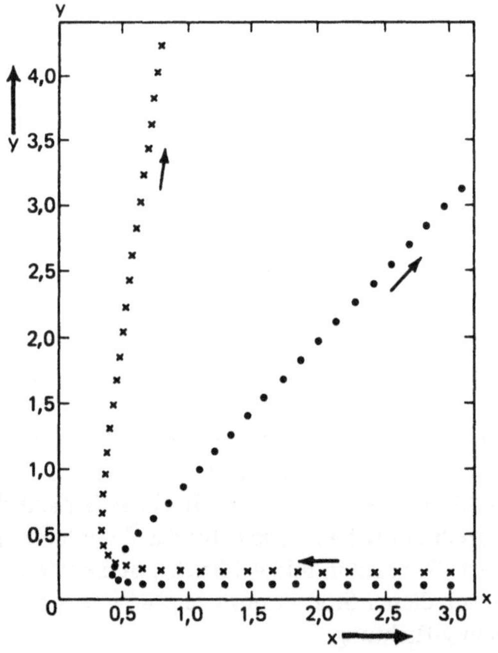

Bild 4-13

Streuung von Alpha-Teilchen
$x_0 = 3$, $v_{x,0} = -2$, $y_0 = 0,1$
(bzw. $y_0 = 0,2$) $v_{y,0} = 0$, $t_0 = 0$,
$\Delta t = 0,1$, $C = +1$, $n = 2$

es durch die Abstoßung langsamer und unter einem großen Winkel abgelenkt (oder gestreut). Während es sich unter dem Einfluß der abstoßenden Kraft entfernt, gewinnt es
die Geschwindigkeit zurück, die es bei der Annäherung verloren hat. Die zweite Flugbahn,
auf der das Alpha-Teilchen nicht so stark rückwärts gestreut wird, erhält man mit $y_0 = 0{,}2$.

Was Sie gemacht haben

Bei der Durcharbeitung dieses Buches haben Sie mit Ihrem Rechner einfache
arithmetische Operationen ausgeführt und sind dadurch zu Ergebnissen gelangt, die Sie
anders nur mit den Methoden der Höheren Mathematik hätten erhalten können. Tatsächlich haben Sie durch numerische Methoden sogenannte Differentialgleichungen gelöst, und zwar in Kapitel 2 und 3 nichtlineare Differentialgleichungen zweiter Ordnung
— und in Kapitel 4 haben Sie zwei gekoppelte Differentialgleichungen zweiter Ordnung
gelöst. Herzlichen Glückwunsch!

Anhang I

Anpassung der HP-33E-Raketenprogramme an den HP-25

Um den Gebrauch auf dem HP-25-Rechner zu ermöglichen, müssen nur die HP-33E-Programme aus Kapitel 3 geändert werden. Dazu müssen die folgenden Abänderungen getroffen werden:

Raketenprogramm

Ersetzen Sie die Schritte 01 bis 07 des HP-33E-Programms durch die in Tabelle A1 aufgeführten Schritte.

Tabelle A 1

Schritt	Code	Taste
00		
01	24 03	RCL 3
02	24 07	RCL 7
03	14 51	$f x \geqslant y$
04	13 41	GTO 41
05	24 01	RCL 1
06	24 07	RCL 7
07	14 51	$f x \geqslant y$

Programm für mehrstufige Raketen

Ersetzen Sie die Schritte 11, 18 und 28 bis 37 des HP-33E-Programms durch die in Tabelle A2 aufgeführten Schritte.

Tabelle A 2

Schritt	Code	Taste
11	13 32	GTO 32
18	13 36	GTO 36
28	15 51	$g x \geqslant 0$
29	15 71	$g x = 0$
30	13 36	GTO 36
31	13 01	GTO 01
32	22	R↓
33	02	2
34	71	÷
35	13 13	GTO 13
36	24 02	RCL 2
37	74	R/S
38	13 01	GTO 01

Anhang II

BASIC-Programme

aufgestellt von Peter Jakesch

Programm	Kommentar

```
10  REM COUNTDOWN
20  N = 10
30  PRINT N
40  IF N = 0 THEN END
50  FOR I = 1 TO 800
60  NEXT I
70  N = N – 1
80  GOTO 30
```

30 PRINT N	N angezeigt
40 IF N = 0 THEN END	Test ob N = 0
50 FOR I = 1 TO 800 / 60 NEXT I	Schleife zur Zeitverzögerung
70 N = N – 1	N verkleinert
80 GOTO 30	zu neuer Schleife

```
10  REM FALLSCHIRMSPRINGER
20  INPUT "G = "; G
30  INPUT "K/M = "; KM
40  INPUT "DELTA T = "; DT
50  V = 0
60  D = 0
70  T = 0
80  A = G – V ^ 2 * KM
90  IF T = 0 THEN A = A/2
100 V = V + A * DT
110 T = T + DT
120 D = D + V * DT
130 PRINT "V = "; V, "D = "; D
140 FOR I = 1 TO 800
150 NEXT I
160 GOTO 80
```

20 INPUT "G = "; G	g eingeben
30 INPUT "K/M = "; KM	K/m eingeben
40 INPUT "DELTA T = "; DT	Δt eingeben
80 A = G – V ^ 2 * KM	$a = g - K\,v^2/m$
90 IF T = 0 THEN A = A/2	Test ob $t = 0$
100 V = V + A * DT	v vergrößert, $\Delta v = a\,\Delta t$
110 T = T + DT	t vergrößert
120 D = D + V * DT	d vergrößert, $\Delta d = v\,\Delta t$
130 PRINT "V = "; V, "D = "; D	v und d angezeigt
140 FOR I = 1 TO 800 / 150 NEXT I	Schleife zur Zeitverzögerung
160 GOTO 80	zu neuer Schleife

```
10  REM RAKETEN
20  INPUT "T1 = "; T1
30  INPUT "T2 = "; T2
40  INPUT "T1/M1 = "; TM
50  INPUT "T2/M2 = "; TX
60  INPUT "K/M3 = "; KM
```

20 INPUT "T1 = "; T1	t_1 eingeben
30 INPUT "T2 = "; T2	t_2 eingeben
40 INPUT "T1/M1 = "; TM	T_1/m_1 eingeben
50 INPUT "T2/M2 = "; TX	T_2/m_2 eingeben
60 INPUT "K/M3 = "; KM	K/m_3 eingeben

```
70  G = 9.81                         g = 9.81 m/sec²
80  DT = 0.02                        Δt = 0.02 sec
90  V = 0
100 H = 0
110 T = 0
120 IF T < T2 THEN GOTO 150          Test ob t ≥ t₂
130 TM = 0                           T/m = 0 für t ≥ t₂
140 GOTO 160
150 IF T > = T1 THEN TM = TX         Test ob t ≥ t₁
160 A = TM − G − KM * V ^ 2          a = T/m − g − K v²/m
170 IF T = 0 THEN A = A/2            Test ab t = 0
180 V = V + DT * A                   v vergrößert, Δv = a Δt
190 IF V < 0 THEN GOTO 260           Test ab v < 0
200 T = T + DT                       t vergrößert
210 H = H + DT * V                   h vergrößert, Δh = v Δt
220 PRINT "V = "; V, "H = "; H       v und h angezeigt
230 FOR I = 1 TO 800  ⎫
240 NEXT I            ⎬               Schleife zur Zeitverzögerung
250 GOTO 120         ⎭               zu neuer Schleife
260 PRINT                            schreibt eine leere Zeile
270 PRINT "H MAX = "; H              h_max angezeigt
280 PRINT "T = "; T                  t angezeigt
```

```
10  REM SATELLITEN
20  INPUT "X0 = "; X
30  INPUT "VX0 = "; VX
40  INPUT "Y0 = "; Y
50  INPUT "VY0 = "; VY
60  T = 0
70  INPUT "DELTA T = "; DT
80  INPUT "C = "; C
90  INPUT "N = "; N
100 R = SQR (X^2 + Y^2)
110 AX = C * R^ (-(N + 1)) * X
120 AY = C * R^ (-(N + 1)) * Y
130 IF T = 0 THEN GOTO 210
140 VX = VX + AX * DT
150 VY = VY + AY * DT
160 T = T + DT
170 X = X + VX * DT
180 Y = Y + VY * DT
190 PRINT "X = "; X, "Y = "; Y
200 GOTO 100
210 AX = AX/2
220 AY = AY/2
230 GOTO 140
```

Zeile	Kommentar
20	x_0 eingeben
30	$v_{x,0}$ eingeben
40	y_0 eingeben
50	$v_{y,0}$ eingeben
70	Δt eingeben
80	C eingeben
90	n eingeben
100	$r = \sqrt{x^2 + y^2}$
110	$a_x = C r^{-(n+1)} \cdot x$
120	$a_y = C r^{-(n+1)} \cdot y$
130	Test ob $t = 0$
140	v_x erhöht, $\Delta v_x = a_x \, \Delta t$
150	v_y erhöht, $\Delta v_y = a_y \, \Delta t$
160	t erhöht
170	x erhöht, $\Delta x = v_x \, \Delta t$
180	y erhöht, $\Delta y = v_y \, \Delta t$
190	x und y angezeigt
200	zu neuer Schleife
230	Fortsetzung der ersten Schleife

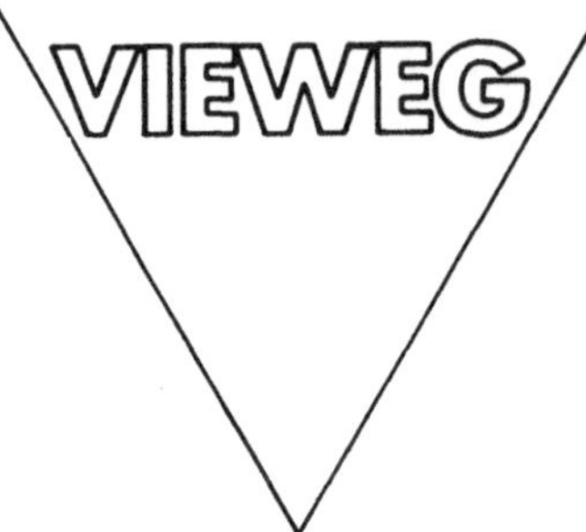

Karl Udo Bromm

Anwendungen für BASIC-Taschencomputer

Mit über 50 Programmen aus Mathematik, Physik, Biologie, Ökologie, Wirtschaftskunde, Sozialkunde, Finanzwesen und Spielen. 1984. VIII, 143 S. mit über 50 Programmen. 16,2 X 22,9 cm. Br.

Inhalt: Zum Gebrauch von BASIC-Taschencomputern (BTC) — Der BTC als Rechenhilfe — Der BTC als Entscheidungshilfe — Kleine mathematische Entdeckungen — Physikalische Erkenntnisse ohne Höhere Mathematik — Simulationen aus Biologie und Ökologie — Aufgaben aus Wirtschafts- und Sozialwissenschaften — Aus der Welt des Zufalls — Probieren mit Methode — Das Kaninchen des Signore Fibonacci und andere Aspekte der numerischen Analysis — Spielereien.

Die über 50 geräteunabhängig geschriebenen Programme zeigen das breite Einsatzfeld von BASIC-Taschencomputern für Schüler an allgemeinbildenden Schulen der Sekundarstufen I und II und Hobbyprogrammierer.